当代科普名著系列

Life Everlasting
The Animal Way of Death

生命的涅槃
动物的死亡之道

贝恩德·海因里希　著

徐凤銮　钟灵毓秀　译

上海科技教育出版社

Philosopher's Stone Series

哲人石丛书

立足当代科学前沿

彰显当代科技名家

绍介当代科学思潮

激扬科技创新精神

策　划

哲人石科学人文出版中心

对本书的评价

◇

海因里希是我们时代最好的博物学家之一。《生命的涅槃》这本书闪烁着真实性和独创性，致力于野外自然史中生命的独特之处。

——爱德华·威尔逊(Edward O. Wilson)，
《未来的生命》(*The Future of Life*)的作者

◇

一场对自然界中死亡进行的广泛探索，一本迷人而有趣的读物。

——《西雅图时报》

◇

尽管专注于死亡和衰弱，《生命的涅槃》却与病态相去甚远，它是对生命的肯定……告诉读者，身体的消逝不是生命的终结，而是一个循环更新的机会。

——《自然》(*Nature*)

内容提要

　　动物世界如何处理死亡事件？我们从中可以获得什么样的生态学知识和精神上的感悟？伯恩德·海因里希长期以来一直对这些问题着迷，当身染重病的好友问自己死后是否可以被葬在缅因州的狩猎营，一切从简、长眠于绿树碧草之下时，激起了他对动物死亡进行调查的渴望。《生命的涅槃》是这些调查的结果，照亮了大大小小的动物死后之景。

　　小至蝼蚁、大至巨龟猛犸，从天上飞鸟、地上走兽、水下游鱼到各种植物，自然界中死亡不断发生，最隐蔽的死后世界环绕着我们。但在自然界中，动物个体的死亡并不意味着终结，而是成为延续其他动物生命的"资源"，继续催生蓬勃的生命世界。海因里希展示了这个令人着迷的世界，考察了动物如何扮演"清道夫"这一古老、重要的角色，将死亡与生命联系起来，例如，老鼠死后如何被甲虫埋在地下成为它们及其后代的食物，鹿死后又有哪些动物"消费"它的尸体，鲑鱼死后它身边的生态系统发生了哪些变化，等等。书中还叙述了人类这一物种在进化历史长河中也曾扮演清道夫、回收者的角色，并最终严重威胁了其他物种的存续。

这本书真正关注的不是"动物如何死亡",而是每种动物在死亡后，如何助力于延续其他动物的生命。这是关于死亡中新生的故事，关于大自然生生不息、万物涅槃重生的故事。

作者简介

贝恩德·海因里希(Bernd Heinrich,1940—   ),美国加利福尼亚大学洛杉矶分校动物学博士,佛蒙特大学生物系荣誉退休教授,对昆虫生理和行为以及鸟类行为的研究作出了重大贡献。他也是优秀的科普作家,任《科学美国人》(*Scientific American*)、《纽约时报》(*New York Times*)和《洛杉矶时报》(*Los Angeles Times*)等多家媒体的撰稿人,撰写过许多关于自然、生物学、生态学和进化等的书籍。代表作有《夏日的世界》(*Summer World*)、《冬日的世界》(*Winter World*)、《渡鸦的智慧》(*Mind of the Raven*)和《我们为什么奔跑》(*Why We Run*)等。

CONTENTS　目 录

目 录

绪 论

如果你想知道死亡的秘密，就要在生命的本质去寻找。

——纪伯伦（Kahlil Gibran），《先知》（*The Prophet*）

……你要爱，就扔不开人世，我想不出还有哪儿是更好的去处。

——弗罗斯特（Robert Frost），《白桦树》（*Birches*）

嘿，贝恩德——

我被诊断得了重病，想先安排一下后事，以防万一。我想来一场绿色的葬礼——不要下葬，因为人类现在的葬礼是一种很奇怪的面对死亡的方式。

任何一个好的生物学家都会认为死亡不过是转化成了别的生命，我也这么认为。死亡和别的很多事物一起，组成了大自然庆祝新生的一种庆典，举办这场派对的地点是我们的身体。在自然界中，动物就躺在自己死去的地方，然后进入了食腐者的循环中。结果，高度浓缩的动物营养被大批苍蝇和甲虫等带到大地的各个角落。而埋葬，不过是把你封进了一个洞里。如果把65亿人都关进棺材埋进土里，让自然世界不能享用人类身体的营养物质,岂不是要让地球挨饿了。火葬并不可取,想想看用三小时烧掉一具尸体需要多少燃料,会排放多少温室气体。不过,还有葬在自己家院子里这个选择,但你肯定能猜到结果……所以,你想不想在营地里给老朋友留个永久居住的地方?我现在感觉还不错,说实在的这辈子都没有感觉这么好过。不过等你想这么做的时候肯定已经晚了。

这封来自朋友兼同行的信让我想要开启一个长期以来令人着迷的课题:生死之网,以及它与我们的关系。同时,来信让我想到人类在全球性和地区性的自然计划中所扮演的角色。信中提到的“营地”在缅因州西部的山上,我拥有的林地里。这位朋友几年前去那里看过我,为的是写一篇关于我的研究的文章。我当时主要研究昆虫,特别是熊蜂,不过也有毛虫、蛾和蝴蝶等,而过去30年我在研究渡鸦。我想可能是因为我对渡鸦(有时候被称为“北方的秃鹫”)的研究,让他给我写了这封信。我和朋友、同行们在营地周围给渡鸦投放的数百具动物尸体都被它们清理掉了,进入了循环。

我的朋友知道,我们俩都认为死后我们的肉身会继续“飞翔”。我们喜欢想象自己死后乘着鸟儿的翅膀在天空中翱翔,比如渡鸦和秃鹫,它们是更有魅力的大自然殡葬师。它们分解的动物尸体被带到各处,转化成了生态系统中各种各样的神奇生命。这一大自然中的真实情景对我们俩而言,不仅仅是浪漫的幻想,还是与一个具有个人意义的地方的真实联系。从生态学的角度来说,这种看法也包含植物在内,植物也让人类在自然中的作用传播到了全世界。

生态学/生物学将我们与生命之网连接到了一起。我们是天地的一部分,这不是后来才有的想法——这种启示不逊于十诫之于摩西(Moses)。严格地根据《圣经》(Bible)的解释,我们作为“尘土仍归于地,灵仍归于赐灵的神”[《传道书》(Ecclesiastes)第12章第7节],“直

到你归了土,因为你是从土而出的。你本是尘土,仍要归于尘土。"[《创世记》(Genesis)第 3 章第 19 节]

但是,古希伯来人不是生态学家。如果《传道书》和《创世记》中的名句用科学假设来表述,那两千年来就不会有人理解,没有一个读者能接受这种概念。"尘土"其实是物质、土地或土壤的比喻。但在我们的头脑中,"尘土"就仅仅是泥土:我们从泥土中来,又回到泥土中去。无怪乎,早期的基督徒会贬低我们的肉身,并寻求与之分离。

可我们实际上并不是从尘土里来,也不会回到尘土里去。我们从生命中来,并且是去向别的生命的通道。我们的生命来自美得无与伦比的植物和动物,也将重新归于它们的生命中。即便我们活着的时候,我们的粪便也会被甲虫、青草和树木回收利用,之后进一步循环到蜂和蝶,再然后是捕蝇鸟、雀鸟和鹰,再然后重新被青草吸收,最后又进入鹿、牛、羊和我们的肚子里。

专门的"殡葬师"将一切有机生命以其他生命形态复活,我不是第一个想要探索它们重要作用的人。但我相信,一定有很多读者愿意探索禁忌,把这个话题拿到台面上讨论,因为这是与我们人类这一物种相关的问题。我们从主要以草为食的动物进化成了狩猎和食腐的食肉动物,作为人类,我们的作用和这个话题紧密相关,因为我们的存在改变了整个世界。

一种生命造就另一种生命,个体的死亡是持续生命的必要条件,这些老生常谈的说法把生命转化发生的方式忽略不计或一笔带过了。然而俗话说得好,魔鬼隐匿于细节中。

大型动物的死后循环过程可能最一目了然,也更激烈和引人注目,但更多的循环发生在植物身上,大多数生物质都集中在这里。植物摄取土壤和空气中的化学物质作为养分——所有的生物都是由碳元素链接而成的,之后又会以二氧化碳的形式分解和释放出去——但它们依然靠其他生命"为生"。植物生长所需的二氧化碳需要靠细菌和真菌发挥媒介作用才能获得，植物悄无声息地从无数死去和活着的生命中吸取大量的二氧化碳。构成一朵雏菊或是一棵树的碳元素有着几百万个来源，可能来自一周前死去的一头非洲象腐烂的尸体、石炭纪灭绝的一株苏铁、一个月前重新出现在地球上的北极罂粟。即使这些分子前一天才刚刚被释放到空气中，它们也是来自几百万年前生活着的植物和动物。所有生命都通过细胞层面的物理交换连接在一起。这种交换的网络作用创造了我们熟知的大气层，并且影响着现在的气候。

二氧化碳和氧气、氮气，以及生命的其他分子级构建模块，每天都在全世界范围内进行着一对多和多对一的自由交换，并跟随着信风、飓风和微风在大气中漂浮和移动。长期隔离在土壤中的分子可以在很长时间内供区域群落交换。植物是由来自蜈蚣、华丽的飞蛾和蝴蝶、鸟类、鼠还有包括人类在内的很多哺乳动物的分子构成的。植物"吞噬"碳元素其实是一种细微的清理行为，这种行为发生在中间媒介把其他生物分解成它们自身的一部分分子之后。动物的肉大块地分散在森林的各个角落，还没有完全分解成氮化合物，所以植物的清理过程和渡鸦吃掉鹿肉或鲑鱼肉的方法不同，但二者在概念上是一样的。

另一方面，DNA虽然主要也是由碳和氢构成，但它的结构更加严密，并从生命产生之初就通过神奇的复制机制，直接在植物或动物中逐代传递着。生物体通过遗传获得特定的 DNA 分子——DNA 被复制并由一个个体传递给下一个个体。所以这种保守的血统传承已经持续了几十亿年，通过变异分支成了树木、极乐鸟、大象、老鼠和人类。

我们将从事重新分配生命物质这项重要工作的动物视作食腐者，我们可能钦佩和欣赏它们作为大自然的清道夫所提供的必要"服务"，认为它们是让自然系统平稳而有活力地运转的生命链。我们喜欢把食腐者和捕食者区别对待,因为虽然捕食者也提供同样的服务,但它们会使用杀戮的手段,所以总让我们联想到毁灭。但从我开始研究大自然的清道夫之后,捕食者和食腐者之间的界限在我心里变得模糊甚至混乱起来。"纯正"的食腐者只靠吃死了的动物为生,"纯正"的捕食者只靠吃自己捕杀的动物。但动物很少会严格地遵循这一区分方式。渡鸦和喜鹊可能在冬天的时候是纯正的食腐者,秋天,它们就成了吃浆果的食草动物,而夏天的时候,它们会捕食昆虫、老鼠和所有能杀死的小动物,于是又变成了捕食者。但也有一些生物,有的可能具备独特的技能,它们大部分时间用同一种方式觅食。北极熊通常会在冰上守着海豹的呼吸孔来猎杀海豹,但它们有时候也会吃掉找到的死海豹。棕熊既吃自己捕杀的驯鹿,也吃已经死了的,但大多数时间以植物为食。游隼飞行速度很快,可以抓住会飞的猎物,而秃鹫通常抓不住没受伤的鸟,所以它们主要吃大型动物的尸体。实际上,秃鹫、渡鸦、狮子还有很多在我们的刻板印象中是"捕食者"的动物,其实只是吃了生病的、即将死去或已经死了(最好是刚死没多久)的动物。在不必要的情况下,它们一般不会和其他动物殊死搏斗。食草动物也会吃掉一些没有反抗力的生物。比如鹿和松鼠,一个吃苜蓿,一个吃坚果,但如果在鸟巢里发现雏鸟,它们也很愿意开开荤。严格说来,食草动物杀死的生命最多:一头大象一天就能弄死很多灌木,而一条蟒蛇可能一年才吃掉一头疣猪。

生命循环可能存在的类型和方式就如同物种一样繁多。我希望能提供更开阔的视野,从缅因州营地到非洲丛林,我会从这些经历中为大家举一些例子。

1

小到大

生物身体的大小对其生活方式和体型有重要意义。身体大小决定了动物用来抵抗重力所需的身体支撑系统的种类和比例,也决定着气体和养分在其体内的扩散速率,而这两者又决定了生物最大代谢率、食物需求量、藏身之所,以及需要的防御措施。身体大小对尸体最终如何被处理,谁来处理以及如何处理有着重要影响。生物丧葬中,"埋"这部分很少被执行,但一旦被执行,其目的就不是为了"入土为安",而是为了更好地保存尸体。

埋葬小鼠的甲虫

我常在车上看见路边的花

未想起花名它便一晃而过了

——弗罗斯特（Robert Frost），

《匆匆一瞥》（*A Passing Glimpse*）

猫会用树叶和杂草把猎物遮掩起来，有的黄蜂会把蜇晕的昆虫拖到巢穴中，再安然享用新鲜的肉。但据我所知，只有一类生物，即食尸甲属（*Nicrophorus*）的甲虫，才会特意将尸体挪到合适的地方埋起来。人类会埋葬同类和作为人类替代品的宠物，这些甲虫则不同，它们会埋葬各种并非其同类的动物。它们埋葬动物尸体是为了给幼虫准备食物，埋葬行为是它们的交配和繁殖策略的核心内容。

名字中包含着很多信息，但有时候也可能引起误会。比如食尸甲（或称埋葬虫）这个名字，*Nicrophorus*，它的词源是希腊语 *nekros*（死亡）和 *philos* 或 *philia*（爱）。（*Nicro* 极有可能是最初给这一物种命名的人的笔误，但根据科学惯例还是留存了下来。）另外，严格来说，用"爱死亡"来形容这种生物并不准确。事实上说这些甲虫"爱生命"或 *viviphorous*（创造生命）可能更合适，因为它们寻找动物尸体是为了从已经死去的生命中创造新生命。比如一具老鼠的尸体就可以养活十多只新生甲虫。

埋葬虫是埋老鼠的高手。它们外形美丽,深黑色的背上装饰着亮橙色的花纹。在它们令人惊叹的生命周期中,只有一个配偶,并且一对伴侣会共同哺育后代。这种昆虫极其常见,且分布广泛,在北温带的夏天,几乎人人都能见到它们的踪迹。我每年夏天都常常和它们见面,不过只是为了给它们提供死老鼠和被车轧死的鸟。

埋葬虫的爱情故事非常浪漫(全世界已知的这类甲虫有68种,其中10种分布在北美洲东北部,也就是我生活的地方),它们在尸体上一见钟情后结为夫妇。雄性甲虫如果发现死老鼠或者其他合适的尸体,就会倒立在尸体上,从尾端的腺体释放气味。这种"召唤"气味随风飘散着,如果雌性甲虫发现了气味,就会迎风飞往这只雄性甲虫和尸体战利品所在之处,然后开始交配。(如果飞来的是雄性甲虫,则会被老鼠尸体的原主人奋力赶走。)雌雄甲虫一起把尸体埋起来,免得其他甲虫来分一杯羹。它们通常需要把尸体转移到适合挖墓穴的土壤上。

埋葬虫没有能抓握的爪子,所以甲虫伴侣运尸体的方式是爬到尸体下方,不是在地上走,而是仰卧着脚朝上在尸体上"走"。它们的背部抵在地面上固定不动,用脚将老鼠的尸体一点一点抬起来,将其向前移动。将尸体挪往目标方向很关键,而这些甲虫的确锁定了一个方向一直向前挪。我想,这种行为的神奇之处在于伴侣双方似乎都清楚地"知道"要去往何处,因为它们的确是往同一个方向移动尸体,而非各自为政,毫无效率地乱搬一气。

甲虫们把尸体移到选定的地方之后,就开始在尸体下方挖洞,把挖出的土推到一旁。它们逐渐挖出土坑,已经变软了的老鼠(或其他小动物)的尸体逐渐向坑内弯折,陷入土里。甲虫夫妇把老鼠埋上几厘米深之后,会将尸体卷成尸团,同时将尸体的毛(或羽毛)去掉。它们将肛门释放的杀菌分泌物涂到尸体上,杀灭其中的细菌和真菌,从而延缓这份宝贵食物的腐败。之后,雌性甲虫就在附近的土壤里产下虫卵。几天后,孵出的幼虫爬到尸体凹陷处,并定居到表面。甲虫父母用反刍的方式将尸体的肉喂给幼虫,直到幼虫能够穿透尸体的皮钻进变软的肉里。

甲虫父母与晚成雏(孵化出壳时身体裸露无羽,需要喂养)的亲鸟一样,在喂养下一代时也会发出短促的声音。而幼虫,也像雏鸟一样,立起身体嘴对嘴接受喂食。等幼虫再长大些,就能够自行进食了,但它们还是会在父母的召唤下聚到父母身边接受喂食。几天后,雄性甲虫会爬出地面再找一具尸体,再养一窝孩子。而雌性甲虫和幼虫相处的时间通常会更长一些。

大约一周或十天之后,完全长大后的幼虫会钻进周围的土壤里,开始化蛹。北方的很多种甲虫会就地蛰伏,到来年春天或夏天变为成虫。不同种类的甲虫蛰伏的季节性时间会有差别。

一个多世纪以来,人们对埋葬虫的生命周期进行了很多更深入更详尽的研究,然而这种昆虫依然令人称奇。目前的研究主要探讨其生命周期的激素调节以及不同种类的埋葬虫之间的差异。例如,有一种甲虫埋的是蛇蛋,而非动物尸体,通常行为与上文的描述类似。我在日志中也曾记录过这些行为模式:

> 2009 年 8 月 11 日,下午 5 点。我今天早上放的新鲜老鼠 [白足鼠(*Peromyscus leucopus*),脚是白色的] 已经不见了,被一只埋葬虫埋得差不多了。我把老鼠尸体拽出地面的时候,上面只有一只甲虫。
>
> 2009 年 8 月 12 日。下午 3 点再次检查,老鼠又被埋了。不出所料,这次有一对甲虫在上面。

我是在那年的 8 月 27 日回营地的,10 天后再把老鼠挖出来时,它已经只剩一副骨架和一撮毛了。上面密密匝匝地挤着 15—20 只埋葬虫的幼虫,它们正在榨取死老鼠身上最后一滴血肉。尸体处没有发现蛆。

10 天前来的时候,我在房子里布置了陷阱,想多抓些老鼠。现在我有了 5 只出现不同程度腐败的死老鼠,有的肉变软发臭,有的已经风干了(当然也在发臭)。把老鼠放在外面给甲虫之前,我在每具尸体上系了一根白色的绳子,绳子末端打了不同数量的结,用于分辨被埋的尸体。尸体放出去没几分钟,第一批"入殓师"就嗡嗡地飞了过来,循着气味追踪尸体。几秒后,它们扑通扑通地落在地上,摇晃着触角,径直朝老鼠爬过去。

两小时光景,有一只老鼠全身上下已经爬了 7 只吱吱叫的甲虫。我很惊讶能在一只老鼠尸体上看到这么多甲虫,但这只老鼠已经干了一半,不能再用来当产卵巢,所以好像不会有甲虫伴侣为了独占它而大动干戈。令人称奇的另一点是甲虫虽然没有耳朵,却可以通过摩擦身体部位发出声音。丝光绿蝇(丽蝇)也赶了过来,准备产卵。这些卵几小时内就会孵出饥饿的蛆。有时候,搜寻苍蝇的白面大黄蜂也会飞来,它们紧贴地面巡视着,不时俯冲下来。不过这些黄蜂一到,它们的猎物很快就跑光了。

甲虫伴侣们选了另外两只老鼠尸体,而且没用一小时就挖好洞把老鼠埋了进去。这样就从竞争对手(乌鸦、丽蝇蛆和其他甲虫)那里把战利品转移走了。甲虫全身都是螨虫,像是被寄生虫感染了一样。不过这些螨虫其实是甲虫的助手,它们可以杀死或吃掉老鼠被埋之前丽蝇在它尸体里产的卵。

第二年夏天,为了再次观察这些"入殓师",我抛出了一只新鲜的鼩鼱,这是一只北短尾鼩鼱(*Blarina Brevicauda*)。这种鼩鼱是哺乳类动物中罕见的唾液有毒的生物,且气味难闻,很多捕食者即便杀死了鼩鼱,也会随即丢弃。家猫常常把它们带到人类家中,不过大多数人都把它们错认成鼹鼠，因为它们长着和鼹鼠一样的灰色短毛、尖嘴，只是没有鼹鼠那样的铲状前爪。鼩鼱是北美森林里最常见的一种动物，但人们很少见到北短尾鼩鼱这个物种，因为和其他大多数鼩鼱不同，它们生活在地下。

当时是 2010 年 8 月 5 日，前一天夜里我把鼩鼱带到营地，放在门口一只横放着的干净意面酱罐子里。第二天早上 6 点，我喝完咖啡，吃完烤面包，准备好不间断地长时间观察甲虫后，便走出门看看。此时已经来了四只甲虫，它们身披艳丽的深黑色外套，上面是亮橙色条纹，在鼩鼱的深灰色皮毛的对比下显得格外好看。这些都是金颈埋葬虫（*Nicrophorus tomentosus*），胸部长着黄色短绒毛。一对甲虫已经把鼩鼱从罐子里搬了出来，它们在下面举着尸体走出了罐子口。另外两只较小的甲虫藏在 10 厘米外的罐子盖下面。两只较大的甲虫继续搬运着尸体，而这对小甲虫至少在那里又待了一小时。

我门口的土压得很实，不适合甲虫埋葬猎物。两只甲虫分头向四处不断地探索，有时候爬出 60 厘米开外，好像在寻找适合埋葬尸体的地方。每次向新方向进发前，它们都会重新回到尸体所在的地点。它们每次都是怎么找回来的呢？它们能记住之前走过的路吗？为了查明真相，我用勺子截住了一只甲虫，引着它上勺子，然后把它放在距离尸体约 60 厘米外的地方。结果它好像没怎么找就径直爬回去了。难道它记住了地形？我又截住另一只正在尸体北边 60 厘米处找埋葬之所的甲虫，把它放在鼩鼱尸体往南一米半的位置。如果它是靠记住之前的路线来寻找方向的，那它应该继续向远离尸体的方向爬才对。但这只甲虫在原地停留了一会儿，然后直接飞回了尸体。这次我把其中一只甲虫放在了尸体一米半外，只见这只甲虫搓了搓足，然后也径直飞回了尸体。之后我又把一只甲虫放在尸体一米外。这只甲虫先是转了几圈，好像是在寻找方向一样，然后再次径直爬回了鼩鼱尸体。

　　这些甲虫看起来远比我以为的聪明。我本打算继续实验,因为它们是如何找到回家路的秘密一直在我脑子里盘旋。不过我得停止打扰它们了,因为这时候我主要想了解它们怎么处理尸体。

　　此时,藏在罐子盖底下的一只较小的甲虫冒了出来,它直接朝尸体爬过来。它是想从这对甲虫手里把尸体偷走吗?不,它的意图很明显:它一过来就直接跳到个头较大的雌甲虫背上,开始交配。整个过程只持续了几秒钟,然后这只雄甲虫立刻飞走了,并在30厘米外的一块松散树皮下藏了起来。这种情况我可万万没想到,于是我继续观察。

　　上午7:15,又一只埋葬虫飞了过来。这只甲虫在周围绕了一分多钟才最终落到鼩鼱尸体上。几乎刚落下来它就开始和留在上面的雌甲虫交配。之后又飞来一只甲虫,也和雌甲虫交配。而雌甲虫全程都在尸体下方和周围爬动,全身心扑在埋尸体这件事上,完全不受干扰。我原以为这对甲虫伴侣"应该"奋起反抗入侵者,结果却没有。目前为止,这只鼩鼱只被从罐子里挪开了30厘米左右,但它还是在紧实的土地上,周围没有松软的泥土。

　　第二次交配同样只持续了几秒,之后这位不速之客被我引到勺子里(免得直接抓会吓到它),放在尸体一米半外的地方,看它会不会回去找尸体或雌甲虫。它看起来跟没事一样,直接留在原地不自觉地梳理起自己来:用脚先摩擦腹部,然后是头和触角,最后脚互相摩擦。收拾妥当之后,这只甲虫停顿了一会儿,又飞起来绕了几圈,最终落在了距离尸体至少三米外的樱桃枝上,我在那给它拍了几张照片。我注意到它身上都是螨虫。但它刚才交配的时候我完全没看见螨虫,当时它身上亮橙色的条纹非常显眼。而现在螨虫爬满了它的后背,几乎把橙色全部遮住了,所以这时候它好像变成了红棕色。这些螨虫把它伪装了起来。可在它飞来之前螨虫都在哪儿呢?

　　对螨虫来说,甲虫不过是通往更多新鲜苍蝇卵的便车而已。只要甲虫找到一具尸体，螨虫就会跳下去觅食，甲虫离开的时候它们可能也就跳回去了。

最近，一个朋友跟我说，他抓了几只埋葬虫，跟腐肉一起放在罐子里。后来再去看的时候，发现两只甲虫已经死了，还有两只也快死了。他发现螨虫"在快死的甲虫身上爬来爬去，像是要救它们似的"。其中一只甲虫的确活过来了，然后所有的螨虫都一股脑跑到它的鞘翅下面。我想这些螨虫是不是能感觉到甲虫准备离开了。这可不是突发奇想（当然也不是说我潜意识里知道这件事），因为甲虫起飞前会抖动身体以提高体温，身体的抖动和温度变化都会给螨虫发出信号，让它们附着在甲虫身上再次顺利起航。

上午 8:00 左右，又一只甲虫飞来了，和之前的几只甲虫一样，它的意图显然不仅是吃腐肉那么简单，马上来场交配才是当务之急。8:15，再次飞来一只甲虫。一会儿工夫，尸体上就停了 5 只甲虫，但其中三只后来离开了，藏在附近地面上的碎屑底下。尸体上终于只剩下最开始那对甲虫了。我不知道这些小插曲能证明什么，不过它们确实让我对甲虫所谓的一夫一妻制产生了怀疑。

在观察甲虫的这两个半小时里，我听到它们不停地吱吱叫。这些声音只在尸体上出现，我想应该是来自那对甲虫伴侣，因为不管有没有别的甲虫在，声音听起来都一样，所以显然这叫声是甲虫伴侣之间的某种交流方式。

上午，随着气温不断升高，绿色和蓝色丽蝇都开始飞了进来。初夏时节在我屋顶安家的血红蚁也出现了。甲虫伴侣似乎无暇关注这些来客，不过这具鼩鼱尸体显然埋不成了。适合埋尸体的松软泥土太远，已经超出了甲虫伴侣的能力范围。现在它们的战利品只能留给苍蝇或蚂蚁，或是当作埋葬虫成虫用餐或交配的地方。它注定是不能用来做哺育后代的爱巢了。

在接下来的时间里,我继续观察甲虫们尝试搬运鼩鼱,希望能够尽量多地记录故事的发展。到了中午,树荫底下的温度已经升高到了30℃,此时多达 8 只甲虫——都是金颈埋葬虫——同时出现在鼩鼱尸体上。我几乎一刻不停地观察着它们,在这段时间里,我又看到了 14 次交配。另外,我看到两次扭打,都只持续了几秒,没有真的打起来。那对甲虫伴侣最后把鼩鼱搬出一米远之后就停下了,尸体依然在硬实的土地上。虽然来了很多苍蝇,我却没看见卵。我还看见一只大个的家蝇产下了幼虫,但没看见化蛹的蛆。

到了中午,甲虫们终于在鼩鼱的肚皮上啃出了一个洞。至少有两只甲虫钻了进去,然后尸体表面开始此起彼伏地鼓起来,想必它们是在大快朵颐,要么就是在寻找出路。从那之后尸体就没再挪过地方。直到下午 3:00,还是没有一只甲虫离开,但到了晚上 8:45,我发现尸体下面有两只甲虫。

第二天,我把鼩鼱尸体剖开,看到肉似乎还是新鲜的,但没发现蛆,尸体上只有前一天飞来的几十只绿色和蓝色丽蝇,还有甲虫。我把鼩鼱挪到了松软的土地上,这一天里,再没有别的甲虫出现,这对甲虫伴侣终于把尸体埋了。

老鼠和鼩鼱大小的尸体,还在这些"殡葬师"能够处理的范围之内。但我想知道,如果它们碰到的是大得多的猎物,比如特大号"老鼠"——灰松鼠,会怎么样呢?我把一只被车轧死没多久的松鼠尸体切开,扔到我的小木屋附近的地上。在这之后的两小时里,有 5 只金颈埋葬虫被吸引了过来。第二天,尸体上一下出现了 18 只甲虫,其中有 1—4 只甲虫在"召唤"雌性(后腿朝上倒立着,以释放气味吸引雌性)。不断有甲虫飞来和离开。不过,我没发现甲虫有结成伴侣的迹象。大多数甲虫在享用鲜肉,或是胡乱地交配。

　　第二天,气温从 24℃ 降到了 13℃。尸体上的苍蝇所剩无几,甲虫也都离开了。大部分甲虫都跑到松鼠尸体以外一米半到两米的地方,躲在树叶下或泥土里。后来,一只乌鸦把剩下的还算新鲜的尸体叼走了,就这样终结了我对甲虫行为的观察。

　　我决定用公鸡代替那只松鼠,继续进行更详细的观察。我把一只羽毛齐全的矮脚鸡尸体肚子朝下(但没切开)扔到了小树林里,当时温度高达 27℃。我第二天去检查的时候,发现尸体上已经引来了数百只绿色丽蝇,这些丽蝇产下的蛆几天内就能把整只公鸡吃干净。公鸡的羽毛上覆盖着成百上千颗白色的丽蝇卵。我把这只鸡翻过来,下面十来只埋葬虫四散而逃,搅得尸体周围干枯的树叶像刚开瓶的香槟一样嘶嘶地翻涌起来。所有的埋葬虫都飞快地躲到了树叶下面。这些甲虫把我吓了一跳,我一只也没顾得上抓。

　　我在公鸡尸体上发现了好几种埋葬虫。我还不清楚不同种的甲虫究竟有多少不同的颜色和大小,想着是不是要把这些甲虫都仔细查看一遍,才能知道它们分别是什么品种?另外,我要不要等着看它们是会战斗到每种甲虫只剩下一对,还是所有的甲虫"一致对外"把来瓜分尸体的苍蝇先赶走?我决定先观望事态的发展。

　　第二天,公鸡尸体上的埋葬虫更多了。奇怪的是,虽然气温一直保持在 27℃,却没有更多苍蝇飞来。更奇怪的还在后面,公鸡羽毛上所有的丽蝇卵好像都萎缩了,显然是都死了。我也没有看见一只蛆的影子。公鸡尸体的表面看起来还没有腐败,好像经过了杀菌处理似的。我看到了埋葬虫和苍蝇的战斗结果:甲虫赢了。通常情况下,动物尸体很容易被蛆全部占领或者抢去大部分。但可能是因为这具较大尸体上的甲虫数量多(大约 20 多只),所以减少了蛆的竞争。但甲虫数量太多也会给它们自己带来麻烦。一旦有两对或两对以上的甲虫伴侣想要在同一具尸体上产卵,较大的甲虫就会受到激发,加快卵巢发育,而小的甲虫的发育就会相应地延后。我很高兴当初没有插手干预，最终得到了这么清楚又激动人心的结果。

要判断有多少种甲虫在分享这具尸体，我需要把所有甲虫抓起来。于是我把尸体留在那里，让甲虫们重新聚集到公鸡尸体下面。几小时后，我再次返回，仔细地把尸体周围的落叶和松散的泥土清理掉，这样，它们就无路可逃了。然后，我准备了一只用来装甲虫的开口罐子，再把公鸡尸体翻过来，开始抓甲虫。我把眼前能看见的所有想逃跑的甲虫先抓完，再开始往土里挖。那些藏在土里的甲虫不太容易看见，因为埋葬虫的第二重防御策略是装死：它们把身体蜷缩成一团，蹬直腿，看起来就跟标本一样。甲虫装死的时候侧躺或平躺，把背后亮橙色的斑点遮住，只在黑色的泥土里裸露着黑色的腹部。虽然它们有逃逸策略，我还是成功抓住了 39 只，包括 4 个不同的种。

接下来的 5 天里，我一边观察着公鸡尸体的命运，一边继续捕捉甲虫，最后一共抓了 70 只［58 只金颈埋葬虫，9 只美国红纹埋葬虫（*N. orbicollis*），两只 *N. defodiens*，还有一只 *N. sayi*］。抓到最多的是金颈埋葬虫，和那个月在我留下的老鼠、鼩鼱和花鼠尸体上观察的成对甲虫属于同种。这只公鸡最后没有被埋，但也没招来苍蝇，上面依然一条蛆都没有。第六天夜里，尸体最终被更大的动物拖走了，可能是臭鼬或者浣熊。

这一次，我能解决的谜团比我想象的要多，所以结果更令人兴奋。但和往常一样，我观察中最惊人的一些新发现与我最初想要探究的内容毫无关系。这一次，我把抓到的甲虫倒进第二个罐子的时候，注意到了一些不同寻常的状况。

我之前说过，这些甲虫在"捕食者"接近尸体时的第一种逃命策略就是跑去藏起来，然后钻进土里。前面我也描述了它们装死的情形，但真的被抓住的时候,它们便很快放弃这种防御策略,转为直接咬我。罐子里的甲虫用这三招都不奏效,于是有的换了新招数:飞出去。我仔细端详罐子里的一只甲虫,欣赏着它背上的黑底亮橙色斑纹——不仅因为好看,还因为通过斑纹我能区分出它们的种类。甲虫起飞的一刹那,背上的亮橙色和黑色斑纹在我眼前瞬间变成了鲜艳的柠檬黄,我感到十分震惊。这是怎么回事呢?

甲虫的祖先和现在的很多昆虫一样,长着两对翅膀。但现在的甲虫只有一对翅膀。最初的第一对翅膀如今进化成了两片硬壳,即鞘翅,鞘翅在飞行的时候毫无用处,不飞时可以作为翅膀的坚硬铠甲。鞘翅经常能起到装饰作用。甲虫的膜质翅长度通常至少是其自身长度的两倍,不用的时候,这对翅膀会折叠于鞘翅下,就像把床单叠好放进抽屉似的。大多数种类的甲虫在飞行时会将鞘翅随意展开到身体两侧,或者直接在背上折起。观察者在这两种情况下都不会看到颜色变化,我却看到了明显的颜色变化,难不成是我产生了幻觉?

我意识到,我从没在尸体附近飞着的甲虫身上见到橙色。我看见过黄色,当时我以为那是金颈埋葬虫腹部的黄色绒毛。现在,我在想是不是因为甲虫总是冷不丁起飞,而且飞得太快,所以我没看清橙色和黑色。我又看了一下:还是只有黄色。我决定用摄像机来捕捉我没看到的东西,于是抓拍了几张飞着的甲虫。拍到的照片虽然模糊不清,却也足以证明我没看错:甲虫在飞行时后背的确是黄色的!

之后我分别检查了活甲虫和死甲虫,把它们的鞘翅展开到两侧,就像飞行时的状态一样,这时候它们露出的部分是黑色的。但我把活甲虫和死甲虫的鞘翅向上掀起来的时候,翅膀立刻旋转,螺旋状上翻,翅膀外缘转到了里面。然后,我把鞘翅放下来,它们很快恢复原位,盖住腹部,之前外翻的表面现在又朝向内部了。也就是说,它们起飞时鞘翅不像我们熟知的甲虫那样保持不变,而是盖住背部,同时背面朝下,原先隐藏的腹面朝上。这个鞘翅原先隐藏起来的与腹部直接接触的一侧是……柠檬黄色!原来,这种甲虫飞行时鞘翅黄色的内面朝外,这就是它们颜色变化的"秘密"。这世界上的所有其他甲虫(据我所知),无论是休息还是飞行,鞘翅的外表面都会一直朝上。

这种瞬间的颜色变化机制,虽然可能已经有人发现过,但在科学文献中还没有过描述。这种变化有什么作用?是出于什么目的呢?颜色变化是金颈埋葬虫独有的机制,它们在飞行时把亮橙色斑纹隐藏起来,可以很好地伪装成熊蜂,这种功能着实有趣。

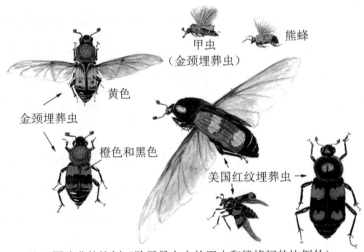

注:图片非按比例(除了最上方的甲虫和熊蜂间的比例外)

图片为以小型动物尸体为食的两种常见甲虫,金颈埋葬虫(左)和美国红纹埋葬虫(右)飞行时和在地上时的情形。和其他甲虫不一样,两种甲虫的鞘翅都会翻转:鞘翅底面转到上面,将原来在上面的亮色隐藏起来,从而在飞行时很好地伪装成黄色的熊蜂。

北美的熊蜂约有46种,大多为黑色身体,表面覆盖黄色绒毛。其中7种也有不同程度的橙色,但几乎都连着黄色,与埋葬虫不同的是,它们身上的橙色绒毛和黑色条纹没有非常明显的反差。当金颈埋葬虫在夏末出没的时候,常常有很多和甲虫有着相近颜色和花纹的工蜂出现,它们和甲虫几乎难辨彼此。这些黑黄色的熊蜂多达 7 种:锈斑熊蜂(*Bombus affinis*)、半黑熊蜂(*B. vagans*)、双斑熊蜂(*B. bimaculatus*)、桑德森熊蜂(*B. sandersoni*),美洲东部熊蜂(*B. impatiens*)、乱熊蜂(*B. perplexus*)和棕带熊蜂(*B. griseocollis*)。金颈埋葬虫只需要翻转鞘翅飞行,瞬间就伪装成了一只逼真的熊蜂。很少有鸟类会冒着被蜇到嘴的风险去捉熊蜂。金颈埋葬虫不像其他埋葬虫那样昼伏夜出,它们会在白天飞出来寻找动物尸体,而其他埋葬虫只有在黄昏或黑夜的掩护下才敢出来。

大部分埋葬虫模拟熊蜂无非是因为个头与熊蜂相似,飞行时的嗡鸣声也差不多。而金颈埋葬甲虫靠着胸部的黄色绒毛和翅膀底部进化出来的黄色(博物馆的标本褪色了),在伪装的路上又迈出了巨大的一步。我检查了从公鸡尸体上抓来的另外三种甲虫做成的新鲜标本翅膀底面的颜色,没有一种是柠檬黄色的,*N. defodiens* 是橙黄色,美国红纹埋葬虫和 *N. sayi* 是灰色或灰白色。

鞘翅翻转的这种机能可能也可以解释之前甲虫落地的时候我看到的它们背上螨虫的异常情况。甲虫飞行的时候,螨虫不光附着在甲虫腹部,还待在鞘翅"下方"这个想来比较安全的位置,甲虫落地并且翻转鞘翅的瞬间,螨虫还没来得及换地方,所以甲虫背上的橙色斑纹就裸露出来了。

观察埋葬虫的兴趣爱好可能是我父亲传给我的。大约 20 年前,我又把这个爱好分享给我的大儿子斯图亚特(Stuart),那时 10 岁的他正在和我一起露营。我还记得他激动的样子,并在《在缅因州森林的一年》(*A Year in the Maine Woods*)这本书里写过。于是我又去翻了那本

金颈埋葬虫起飞前和落地瞬间鞘翅旋转的情况,以及和甲虫同时出现的一种熊蜂(中间)。图片按顺序显示了甲虫从橙色和黑色(下方的三只甲虫)变成黄色(上方的三只甲虫)的情形。

书,里面写到我们一起把一只死鹿鼠放在小木屋后面的木屑里,"看看有没有甲虫来埋它"。一小时后,我们再去检查,发现老鼠尸体不见了,不过斯图亚特发现了老鼠被埋的地方,还把它挖了出来。我又把这只死老鼠换到了新地方,这次斯图亚特就坐在旁边观察。他当时看见的情况和说的话此刻让我十分吃惊。他看见一只甲虫时而挖洞,时而倒立起来一动不动(散发气味吸引雌甲虫)。之后又看见另一只甲虫飞了过来。他说:"它的声音像熊蜂一样,我看见它落地的时候翅膀还张开着。它背上长着金色绒毛,就跟熊蜂一样。"现在我才知道,儿子说的"背上"的黄色其实是翻转的鞘翅遮住了甲虫黑色的腹部。当时我可能以为他指的仅仅是甲虫的头和胸部。用孩子的眼睛观察就是不带成见地观察,这也是探索发现新知识的先决条件。我对鞘翅旋转产生的瞬间颜色变化的发现足以拿到科学期刊上发表,于是我写了篇论文交给美国《东北博物学家杂志》(*Northeastern Naturalist*),经科学界同仁审阅后准予发表。

埋葬虫依然很常见,随便扔一块新鲜的肉出去就能发现它们。你根本不用主动去找它们,它们就会送上门来。大部分埋葬虫都不算濒危物种。然而,美国埋葬虫(*Nicrophorus americanus*)这种最大的埋葬虫(平均体长3厘米,有的可达到4厘米),却被列入美国濒危物种名单。美国埋葬虫原先生活着的家园中有90%已经难见它们的踪影,曾经至少有35个州活跃着这种甲虫,而现在只剩下5个州。美国埋葬虫和那些大多只有它们一半长度的同类不一样,它们的头部、胸部和触角都带着鲜艳的橙红色斑纹。它们为什么这么大,为什么有这么多橙红色斑纹,为什么其他甲虫都没事而偏偏这种甲虫濒危了,这些问题我们从生物学角度上了解得还不够。埋葬虫对栖息地和食物有着非常奇特的偏好。有一种北美埋葬虫(*N. vespilloides*),只把尸体埋在泥炭沼里;还有一种之前提到过的甲虫,不埋老鼠或别的小动物尸体,而是埋蛇蛋。有一种推测是,美国埋葬虫专门以旅鸽的尸体为食,而现在它们的活动范围内没有这么多、这么大的尸体了。

为鹿发丧

这当然是因为我希望生活继续。

——弗罗斯特,《人口普查员》(The Census-Taker)

我又带了一只被车轧死的灰松鼠去了营地。当时是 2011 年 6 月中旬,缅因州的天气太冷,还没有丽蝇出没,所以松鼠尸体上没有生蛆。不过还没冷到尸体不会腐败的程度——我非常确定那只松鼠散发着浓烈的恶臭。既然如此,会不会有秃鹫发现它?它会怎么处理这具"香喷喷"的尸体呢?像大鵰鸮那样一口吞了吗?为了弄清楚这个问题,我把已经膨胀了的松鼠尸体放在树林中的一块空地上,然后自己舒舒服服地在小木屋窗边的长椅上坐着。

飞过树林的一只渡鸦最先发现了这具尸体。它猛地回头飞到林中空地上方,静静地停在一棵松树上。在观察了这个地方几分钟后,它才张开翅膀猛扑过去,落在松鼠边上。它上下跳了几次,然后把松鼠的眼睛啄了下来,还扯掉了一些皮毛。但它没办法撕开松鼠的皮,因此,只能从松鼠的嘴里进去,揪出一点肉和脑组织。然后它就飞走了。我跑出去,把松鼠尸体剖开,然后舒舒服服地坐回长椅上,希望能等到这只渡鸦回来。

暴露在外面的内脏持续腐烂着，肯定会散发出浓烈的气味。果然，没到一小时，我就看见一道影子从地面上掠过：一只大鸟正在空地上方盘旋，那是一只红头美洲鹫（*Cathartes aura*）。一分钟后，它直接向尸体俯冲下来，又盘旋了几分钟后，落在松鼠尸体旁一棵孤零零的苹果树上。它的头部不停地转动，好像在观察着除了松鼠以外的所有方向。又过了一会儿，它梳理了一下羽毛，然后向着太阳张开翅膀，保持了一会这个动作，之后又冷冷地梳理起羽毛来。

我从小屋里透过双筒望远镜观察着这只雄赳赳的秃鹫，它全身上下没有一点污物，长长的象牙色鸟嘴闪着光泽。这只秃鹫裸露的头颈因为血液汇流变成了桃红色，这说明它现在情绪高涨。它的上半截脖子虽然零星地散布着几根黑色羽毛，但很快就变成了亮紫色。几乎裸露的脖子下方长着厚厚一层闪闪发亮的黑蓝色颈羽，与翅膀上的暗棕色羽毛对比鲜明。

这只秃鹫在苹果树上站了16分钟后，开始明显把注意力从四周转移到松鼠身上。它从一根树枝跳到另一根树枝，逐渐接近目标，最后落在了松鼠旁边的地面上。它一动不动地在那站了好几分钟，才开始慢条斯理地小口进食。它先把内脏叼出来扔在一旁，然后一点点把肉撕扯下来食用。又过了34分钟它才飞走，只留下松鼠的肠子，还有几乎吃得干干净净的骨头和皮。我继续在一旁观察，看看还有谁会来捡剩下的。

第二天黎明，我在乌鸦的叫声中醒来。我从窗户向外望去，看见一只乌鸦栖息在苹果树附近一棵高大的云杉的树顶。云杉在微风中轻轻摇曳，乌鸦落脚的那根树枝被压得不时向下弯。但这只乌鸦能保持平衡，还"啊啊"叫着，在上面呆了至少10分钟。它就在正对着松鼠残骸不到百米远的地方，我以为它随时都会飞下来，但它只是铆足了劲叫。

没多久又一只乌鸦从下面的山谷里呱呱叫着飞了过来,然后两只乌鸦都飞到了一天前秃鹫落脚的那棵苹果树上。最后,其中一只乌鸦飞落到松鼠旁,盯着松鼠残骸看了一分钟左右,然后飞回苹果树上。两只乌鸦在附近的树上停留了几分钟,这时太阳出来了,它们静静地飞回了山谷。

一小时后,一只渡鸦飞来了,它毫不犹豫地直接冲向松鼠尸体,把剩下的残骸叼在嘴里,飞进了云杉浓密的矮枝里。这只渡鸦几乎完全藏了起来,但我看见它开始撕扯松鼠的皮。之后它很快就停下了动作,把皮留在一根树枝上。到了下午,它飞回来时,直接飞到了藏松鼠皮的地方。这次应该剩不下多少了。等渡鸦飞走后,我找到了那块皮,把它从里向外翻过来(把皮毛翻到里面),扔到地上。一天后,仅剩的这点残余也没了。我想,大一些的尸体应该可以引来更多食腐生物吧。

2010年7月,缅因州的天气炎热潮湿。7月9日,住在我家附近的韦尔德村的建筑工人朋友沃利斯(Wallis)和我一起汗流浃背地搭建桑拿浴室的框架。我们热得受不了,斑虻却很享受这种天气。十几只斑虻围着我们转个不停,每只都在伺机攻击叮咬我们,在我们身上吸血。我可不喜欢在我还没死的时候就以我为食的家伙,而每只斑虻都想这么干。它们围着你嗡嗡地叫个不停,随时观察着你,趁你不备,马上落在你裸露的皮肤上。一只斑虻我倒不怕,因为我早就看透了它们的伎俩,知道怎么弄死它们。可一次来20只,它们的胜算就大了。

这些斑虻不光惹人烦,也搅得树林里的驼鹿和鹿心烦意乱。驼鹿还能泡在水塘里避一避。可鹿不吃水草,只能选择奔跑跳跃躲避斑虻。它们起跳前显然没有看路。那天,沃利斯和我开车从迪克斯菲尔德到韦尔德拉雪松木板的时候,碰见了一只被车撞死的鹿,它的臭气已经很浓了,可见死的时间已经不短了。很难想象有人开车撞死了一头鹿,就扔在路上不管了,之后也没有人停下车来处理。

我停下车(我常这么干),通过这只雌鹿的乳头可以判断它正处在哺乳期。我很难过,附近的树林里可能有一只或两只嗷嗷待哺的小鹿很快就会饿死。把鹿的尸体当成垃圾扔在这里好像有点可惜。于是沃利斯在后面推,我在他的皮卡货车后厢里往上拉鹿的后腿,把它弄上车拉走了。我还不太确定该怎么处理这具尸体,不过我希望丛林狼、熊、渡鸦或秃鹫会在我小屋附近的空地上发现它。它们可以用鹿肉喂养幼崽,让这只雌鹿的生命转化成别的生命延续下去,这样的话,短期内就不会有别的猎物被捕杀了。

我把雌鹿放在空地上的一枝黄花和绣线菊丛中。我用锋利的猎刀把鹿的肚子剖开,露出内脏,把肩胛骨和右前腿放在一边。我还把鹿的一条后腿的皮割开,露出里面的肉。之后,我搭了一会儿桑拿房,再趁休息的空隙坐在小木屋窗边的长椅上,观察接下来会发生什么。

两小时后,第一只红头美洲鹫飞来了,开始在雌鹿尸体上空盘旋。我在高速路上见到好几次死鹿,成群的秃鹫就蹲在路边的树上,它们可能在等没有车的时候。而我这对渡鸦的巢就在我住处附近的松树上,现在它们哺育的雏鸟也已经长大了。我想,这样挺好的。就在这小块地上,就能看到一场大戏。

去年秋天,我住在宾夕法尼亚州彭斯堡郊区的侄子查理(Charlie),在他家门前捡了一头被车撞死的鹿。他跟我说,他在前院里把鹿的内脏掏出来"不到一小时",几只红头美洲鹫就赶到了,之后十多只秃鹫被这些十分新鲜的肉吸引着聚集过来。秃鹫在他屋顶上落了一会儿,之后,它们显然是达成了某种共识,全都飞了下来。到了第二天,一块肉都没剩下,只有胃里的残留物——这头鹿在附近地里吃的已经部分消化的玉米——还留在地上。我在想,秃鹫们需要多久才能赶到我这头鹿这里,到时候是秃鹫打败渡鸦还是渡鸦打败秃鹫呢?

秃鹫在尸体上方低低地飞着,这边逗留一会儿,那边待一会儿,这是秃鹫的典型动作。然后它绕着空地和附近的树林绕了一大圈，好像在检查周围的动向。但让我失望的是，这只秃鹫显然对自己看到的不感兴趣，因为它并没有降落，而是直接离开了。

根据生物学家拉伯诺尔德(Patricia Rabenold)著作的论述和查理的那次遇见秃鹫的经历，我知道秃鹫是群栖的鸟类，年轻的秃鹫会跟着有经验的秃鹫享用盛宴。我期待着第二天早上会有一群红头美洲鹫飞来，所以当天下午我趁着机会忙了点自己的差事。大约两小时之后，我再次回来，发现一只秃鹫已经来了。它正蹲在空地边的一棵树上，但一看见我过去就飞走了。不过，它还没吃那只雌鹿的肉，一切都还保持着原状。

鹿的尸体已经被成百上千只丽蝇盯上了。丽蝇的种类有很多(已被明确记录的有1100种)，大多都需要用显微镜查看才能分辨，因为很多情况下你需要根据鬃的数量来区分。常见的绿色丽蝇[即丝光绿蝇(*Lucilia sericata*)]的中胸背板有3根鬃，后头(头部)鬃有6—8根。而铜绿蝇(*Lucilia cuprina*)只有1根后头鬃。我倒是没有数它们的鬃毛。我对绿色丽蝇身上夺目的光彩，以及它们与蓝色丽蝇的明显差异都印象深刻，蓝色丽蝇的数量比较少，但它们身上金属般的色彩同样绚丽。

鹿的尸体被一大堆绚丽的苍蝇覆盖着。我知道有一只渡鸦(还有两只秃鹫)已经看见了尸体，因为它在空地上绕了一圈，呱呱叫了几声又飞走了。渡鸦喜欢比较新鲜的肉，如果不是刚死掉的，至少要冷藏的才行。傍晚时分，尸体上还是一只鸟都没有，但到了晚上，等我上床之后，我听到森林里的丛林狼冲着金门岭嚎叫。北斗星缓慢地绕向地平线，我在楼上观察着空地，硬撑着眼皮想看到灰色的影子悄悄来到雌鹿尸体旁边。但我什么也没看到，很快就进入了梦乡。

渡鸦、乌鸦、秃鹫和丛林狼都没被雌鹿招来。但第二天早上这里就热闹了。我前一年1月在这里教冬季生态课程，10个当时的学生来这里搭了两个帐篷露营。今天注定是派对时间了,所以渡鸦、秃鹫和丛林狼都得靠边站。我并不介意——这样还有机会观察如果没有大家伙来吃雌鹿会发生什么。到了中午,第二批狂欢者抵达现场,他们带来了两瓶接骨木果酒,还拿来了第二把吉他。大鸟们还是没有出现,这充分说明了它们严格遵守捕食领地的排他性原则。

下午在帐篷里的聚会和晚上在帐篷外的篝火派对,很像是为这头鹿守丧。十几种此起彼伏的不同声音伴着两把吉他、一把班卓琴和一把曼多林琴唱着忧伤的调子,如果它喜欢就更好了。等到我也开始走进轮回的时候,说不定会有些嫉妒它。

第二天早上,大家几乎都宿醉未醒,雌鹿尸体依然静静地躺在那里,没有鸟或丛林狼碰过。黎明时分,一只渡鸦飞过,不过这只渡鸦没叫。到了中午,气温飙升到了32℃,一只秃鹫独自出现了,盘旋几圈后,落在附近的一棵树上。但它没有飞下来。是哪里不对吗?我检查了一下尸体。上面一块肉也没少,但密密麻麻地趴着几千只绿色丽蝇。

雌鹿尸体散发着浓烈的臭气。我在屋子里都能闻到它的气味。腐败产生的化学物质乙硫醇对我们来说气味太冲了,是吉尼斯世界纪录中记载的"最臭的物质"。当然这只是针对人类而言。没有气味的丙烷里面会加入微量的乙硫醇,这样我们就能发现丙烷的痕迹,不至于擦根火柴就把家给烧没了。以前人们以为即便一点点乙硫醇也能吸引红头美洲鹫,所以曾经用它们来检测天然气管道泄漏的位置。不过,臭气强度和吸引它们注意的程度不能划等号,红头美洲鹫更喜欢新鲜或几乎是新鲜的肉。

第二天,我再去检查雌鹿尸体的时候,看到丽蝇已经把它占领了。据说苍蝇可以在十几千米外闻到尸体的气味,而它们也的确成群地飞来了,完全没有被腐败吓退。露在外面的肉已经被太阳烤黑了,而毛皮上覆盖着斑驳的白块,那是大片大片的丽蝇卵。

半个多世纪以前,知名鸟类学家彼得森(Roger Tory Peterson)也描述过和我类似的故事,他在纽约州也把被车撞死的鹿的尸体放了三天,虽然观察结果不如我的那般尽如人意:

> 我把它[鹿]放在户外的一个斜坡上,再用粗麻布把自己掩藏起来,上面盖上野生葡萄藤。我在自己的汗水里泡了两天,而10米外的尸体慢慢腐烂,引来了成群的苍蝇。秃鹫们,谨慎地保持着一定距离,弓着腰蹲在一棵死了的高大铁杉树上,就像殡葬师在等着主持葬礼一样。第三天,我卸下了伪装。不到三小时后,一个朋友碰巧路过,他刚走近,一群秃鹫就腾空而起。而鹿的尸体只剩下几块零散的骨头了。

秃鹫很不容易上当,我猜如果我躺在树林或草丛里装死,说不定引来它们的概率会更低。

和老鼠或小鸟的尸体相比,鹿的尸体可以为蛆之类的食腐者提供更多便利,它们可以在细菌作用产生的浓稠分泌物中茁壮成长。温度高,细菌繁殖的速度就快,而死去时依然温暖的大型尸体,其温度会持续很长一段时间。简而言之,细菌可以抢先一步享用尸体。这是我从一位律师和一头猪身上获得的惨痛经验。

波士顿的一位律师打电话给我,要出钱(对我来说是一笔巨款)请我当一桩谋杀案的专家证人。在那之前,我有很长一段时间都在研究昆虫能量学,我常常靠测量刚死掉的熊蜂的冷却速度来计算活着的熊蜂保持温度需要耗费的能量。蜂类的体温可以在一两分钟内陡然降低,但像猪这么大的尸体,即便外部气温接近冰点结冰,它的内部温度要被动地降低到空气温度,可能也需要好几天的时间,因为动物的大部分热度都贮存在体内深处。在这起谋杀案中,已经知道被害人被发现时尸体的温度,大约 36℃,据此推算,可以非常精确地判断出死亡的时间。我同意去做专家证人,并且先用一只人那么大的猪代替受害人,收集一下猪的冷却速度的相关数据。

我找到了一头大小合适的猪,告诉农场主,我要买现宰的,这时它的体温和人类体温依然相同。卡车载着这头猪温软的尸体,送到了我在佛蒙特州的房子后的一层薄薄的雪地上。我给它塞了个温度计,然后开始记录数据。两天后,猪的尸体完成了冷却,我收集到了法庭上需要用到的足够的信息。但我不想浪费了这么好的猪肉。

我把猪肉剁了出来,做了点吃,虽然当时正值隆冬,一只苍蝇也看不见,但这猪肉吃起来味道不对。我妻子断言这怪味是我们家的鸡造成的,我切猪肉的时候,那只鸡的脏爪子从猪身上踩过去了。但我觉得是因为当时为了做实验没给猪开膛掏出内脏,这具大型动物尸体长时间维持着一定的温度,给了细菌繁殖的机会,所以猪肉才变味了。

长话短说吧,我家的渡鸦吃了 100 多千克猪肉,我们一口没吃。另外,我向律师解释了实验的事,他却没叫我出庭作证(也没付我买猪的钱或补偿我花的时间)。那头猪可贵着呢。但我从这次惨痛的教训中学到了这样的一课:大型动物冷却得非常慢,如果你不想用它喂细菌(或者蛆),你要么快点把它吃掉,要么赶紧把它的内脏取出来,因为细菌会从内部抢占先机。

有了猪肉的这次经历,特别是细菌参与的这部分,我的注意力从尸体食物链中的细菌这一层来到了上一层生物。我前面说了,不到几天时间,鹿的尸体上就密密实实地覆盖了一层扭动着身体的蛆。如果温度足够高,一只丽蝇产下的"一窝"150—200 颗卵只需 8 小时就能全部孵化,三天就能发育成熟,一周就走到了生命的尽头。超快的繁殖和生长速度,使这些昆虫可以快速控制尸体。丽蝇们很快就发现了尸体,尝了尝，觉得味道不错，于是决定占领它，在这里安家落户。

大量的蛆，加上它们激增的高代谢率，也会提高尸体内部的温度，这样一来，蛆的生长速度大大提高，甚至比在高温和尸体温度缓慢冷却的情况下还要快。可能这里的丽蝇大多是丝光绿蝇，"蛆虫疗法"中常用这种蝇。传统上人们用蛆吃掉坏死的组织，帮助伤口愈合，它们对杀灭革兰氏阳性菌尤其有效。我怀疑丝光绿蝇可能会分泌某种化学物质作为强力武器，用来对付与它们争夺腐肉的主要竞争对手，也就是细菌。尽管如此，我没听说过有人从蛆身上提取化学物质，就像从青霉菌中提取青霉素那样。

蛆可能令人厌恶，而且它们总出现在恶臭之处也让我们喜欢不起来。但它们依然有值得我们欣赏的地方。蛆被法医广泛用于鉴定死者的死亡时间，因为（根据气温和体温而定）它们是第一批占领尸体的昆虫。

除了幼虫的药用和法医学价值外，绿色丽蝇成虫也可以说是一种活着的首饰。它们外骨骼的光泽像宝石一般耀眼。我敢担保，如果大家都这么想，把它们镶嵌在透明塑料里做成耳环或项链，可以卖出几百万件。

宝石是没有形状、没有生命的惰性物质，而每只绿色丽蝇身上都体现着精密的航空工程设计。除了会飞，它们身上还有着上千种行为，其中大多数我们几乎都不了解。和甲虫一样，蝇的翅膀和产生力量的肌肉不是直接连在一起的。当肌肉收缩，翅膀向下扇动时，它们压缩胸腔，通过杠杆作用，使得相反的肌肉（驱动翅膀向上扇动的肌肉）舒张。肌肉舒张后收缩，再带动向下运动的肌肉舒张。这个过程循环往复，所以苍蝇的胸腔几乎像发动机一样振动，带动翅膀每秒钟扇动几百次。有的昆虫，比如蚊子，翅膀每秒钟可以扇动一千多次——这种速度仅仅靠直接的神经脉冲是不可能实现的。这些蝇从内到外都非常美。

派对结束几天后,依然有更多的苍蝇飞来,也许是不嫌弃尸体与日俱增的腐烂,也许正是因此而来。苍蝇能在十几千米外(通过触角)闻到和感觉到尸体。它们在腐肉上到处爬,同时产下更多的卵团。苍蝇用长在脚底下和舌头上的味觉感受器品尝味道。已故的伟大昆虫生理学家德蒂尔(Vincent Dethier)发现,基本上我们能感知的味道,例如,盐的咸、糖的甜,以及酸味,苍蝇也能尝到。鹿尸体上的苍蝇在寻找和舔食蛋白质,它们很快就把蛋白质转化成了卵——蛋白质是苍蝇幼虫的唯一食物。

等到尸体上看得见的肉都被吃完,苍蝇就打败了鸟类和丛林狼,赢得了这场争夺战。但很快就会出现另一批处理尸体的专家,那就是甲虫。埋葬虫大概能够从一千米外闻到死老鼠的气味。我猜这种昆虫可能已经在尸体下面开工了,因为在利用猪的尸体代替人类尸体而进行的法医昆虫学研究中,人们发现动物死后,不同的食腐物种会在不同的时段出来觅食。为了验证我的猜测是否正确,我必须把鹿的尸体翻过来。干这事不把鼻子堵上可不行。但这么做是值得的。

我刚把鹿的尸体抬起来一点,就看见十来只长长的、亮闪闪的黑色甲虫,这是苏里南尸葬甲(Necrodes surinamensis),它们背上刻着平行的脊。还有隐翅虫,一种奔跑速度很快的细长光滑的甲虫,人们常常以为这种甲虫"翅膀短",但它们其实翅膀很长,只是像叠好的降落伞一样被整齐地叠放在短短的鞘翅下面了。目前全世界被记录的隐翅虫有40 000种,而没有记录的可能还有两倍之多。它们大多数是食肉的,所以看到它们以腐肉为食并不奇怪。它们跑得快,飞得稳,当我把尸体掀开的时候,它们四散逃开,纷纷钻进周围的泥土里。这里有好几种隐翅虫,一种是亮闪闪的深蓝色,其他的大多是黄色和棕色,有一种是浅灰色,背上似乎覆盖着白色条纹。我还注意到了两种大拇指指甲盖大小的扁平状隐翅虫,几乎全身都是黑色。其中一种是美国逝葬甲(Necrophila americana),胸

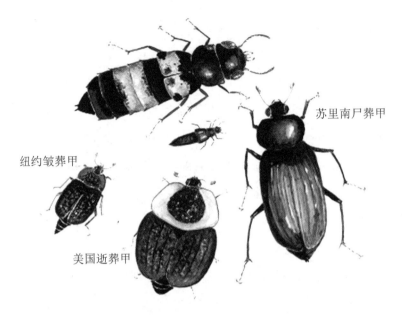

苏里南尸葬甲

纽约皱葬甲

美国逝葬甲

在鹿的尸体下面发现的嗜尸性甲虫。上方,46 000 多种已确认种类中的两种隐翅虫;右下,苏里南尸葬甲;左下,纽约皱葬甲和美国逝葬甲。

部为黄色,另一种是纽约皱葬甲(*Oiceoptoma noveboracense*),胸部为红色。

我原以为能发现很多之前快速出现在我放置的老鼠和鼩鼱尸体上的埋葬虫,但非常出乎我的意料的是,在仔细检查之后,我竟然一只也没发现。真不敢相信它们竟然没有被鹿肉吸引来。可能当时附近没有埋葬虫。但我放置雌鹿尸体的同时,还在外面放了一只被车轧死的花鼠尸体,一个下午的时间后者引来了两只埋葬虫。我怀疑是腐烂的气味或蛆的气味挡住了它们的脚步。

两周后,也就是8月5日,我再次回来检查雌鹿尸体的残余,发现原来放尸体的地方只留下了几绺毛和腐肉留下的污迹和洼地。不过,在那块地方附近,我发现了两条线索。之前秃鹫(和乌鸦)落脚的那棵老金冠苹果树树干上,有几处新抓上去的熊爪印,还有几枝结了早熟苹果的树枝断了。可见有头熊来过,吃了几个甜甜的鲜苹果,然后把雌鹿的残骸拖走了。

　　第二年 4 月下旬,我在距离放雌鹿尸体的地方两千米外发现了一头死了的雄驼鹿。一头雄驼鹿的体重大约是白尾鹿雌鹿重量的 10 倍。而这只看起来比较瘦弱,应该是死于蜱虫病引起的并发症,如果冬天气温不够低,积雪时间不够长,不能杀死这些寄生虫,那么蜱虫病就成了这片森林中常见的致死病因。即使森林里有狼,也不可能有那么多驼鹿死去,但得了蜱虫病而变得虚弱的驼鹿会更早丧命——它们会成为捕食者的头号猎物。

　　这头驼鹿倒在密林深处的一条小溪旁,我是在它死后一两天发现的。尸体周围有丛林狼的痕迹,而且丛林狼咬穿了厚厚的鹿皮,在鹿的喉咙上留下一个孔。一只渡鸦也已经来用过餐了,还在鹿皮上留下了白色的鸟粪。丛林狼把喉咙上的孔撕得更大之后,又有其他渡鸦过来进食。后来至少有 12 只红头美洲鹫包围了尸体,然后,蛆在这里"打扫战场"。几周后,丛林狼和秃鹫都走了,还有一对渡鸦没有离开,它们每天都在扒拉尸体附近的落叶,可能是在抓蛆、蝇蛹或其他昆虫。

　　当驼鹿的尸体只剩下一副骨架和上面覆盖着的一点干了的鹿皮的时候,一只黑熊跑来,拖着这点残尸抄近路下山了。又过了两周,这只动物倒下的地方只剩下一堆毛,还有不远处的脊柱和颅骨。一只豪猪正在啃着还新鲜的骨头,在骨头上留下的牙印像是老鼠啃奶酪时留下的牙印的放大版。这里的臭味依然挥之不去,却没有秃鹫再来了。为什么没有秃鹫被引来呢?这里的确没有肉了,但它们没来检查又怎么会知道呢?是蛆虫释放的气味还是细菌分解产生的气味赶走了秃鹫呢?

在大自然的循环世界,每个环节都有冗余和备选方案。循环过程可能始于车祸或蜱虫病,先由食腐的鸟类处理,再交给苍蝇,然后是甲虫,最后留给细菌,或者一头熊(比如在我放的鹿和驼鹿例子中)。如果鹿的尸体被苍蝇利用完之后没被熊拖走,那么大批的皮蠹科(Dermestid)甲虫就会赶来。这类甲虫在全世界约有500—700个种,它们会在尸体的分解过程完全结束,已经干硬的时候出现。它们会吃掉剩下的兽毛、羽毛、软骨和皮——除了骨头以外的一切。因此它们常常被博物馆用来清理骨架。在树林里,啮齿动物和鹿会啃咬这类甲虫以获取身体所需的钙质,白骨则被落叶覆盖。在我的树林里,我只发现过鹿的颅骨,别的几乎没有了。颅骨留存的时间是最长的。缅因州的森林里没有比驼鹿更大的动物了,很显然,即使是驼鹿这样大的动物,当地的食腐生物们也能够在相对短的时间内把它的尸体分解掉。

我想知道,那些巨大的生物,比如大象,它们尸体的处理过程是什么样的呢?

最终的回收者——重塑世界

手是思想的刀锋……

人类攀升过程中最大的驱动力是因掌握技能而带来的欣喜。

——布洛诺夫斯基（Jacob Bronowski），

《人类的攀升》（*The Ascent of Man*）

很多物种既是捕猎者也是食腐者——这两种角色有着同样的目标,使用的工具很多也是一样的。早期人类便是如此:我们作为食腐者的效率越高,捕猎到的动物就越多,反之亦然。最具挑战性的猎物——大象,是最能证明这一点的。人类是地球上唯一能够持续捕猎大象,把它们开膛破肚,而且影响它们生存的捕食者。在陆地上,我们人类与大象的关系,就像大洋深处的睡鲨和盲鳗与鲸的关系:都是最终的回收者。这种境况是人类这一物种在进化的进程中产生的。人类与大象的关系也折射出人类集体新陈代谢所造成的巨大胃口,能够让我们把过去和现在的一切生物当作食物。我们掌握了如何获得活大象的肉之后,马上就用大脑、肌肉武装自己,并且组成社会组织,去围捕一切能捉到的生物。现在我要进入正题了:我们最初是从捕猎者还是从食腐者进化而来的? 我们作为回收者在以前和现在起到什么样的作用? 乌龟和大象是如何给出答案的？

我们（还有其他的类人猿）从共同祖先分支出去后，最初是捕猎者还是食腐者？半个世纪以来，人们一直就这个问题进行着激烈的辩论。我和这个问题唯一有关的，可能左右我对这个问题想法的"数据点"/趣事，发生在1970年左右，肯尼亚的安波塞利公园里。那时我有幸和一名研究生一起跟踪他正在研究的一群有人类习性的狒狒。狒狒们正在吃草，过了几个小时，我们看见一只野兔一闪而过。它逃过了第一只狒狒的魔爪，却马上陷入一大群狒狒的包围中。很快，这只野兔就被一只掌权的大个雄狒狒了结了性命，并被它据为己有，不过其他狒狒在这只战利品被吃干净前也分到了几块。这场"狩猎"看起来很偶然，成功几乎纯属意外——主要靠狒狒的个数多。但是，几乎在同一段时间、同一地点研究狒狒的另一名学生斯特鲁姆（Shirley C. Strum）发现，狒狒们定期捕猎别的动物。

人类学家斯坦福（Craig B. Stanford）后来在他的描写早期人类捕猎行为的《狩猎的猿》（The Hunting Apes）一书中支持"狩猎假说"。他研究了最接近人类的黑猩猩的捕猎行为。某些黑猩猩会定期、有组织地捕猎猴子和其他猎物。它们经常会津津有味地吃生肉，还会吃皮、骨头还有别的所有东西。没有关于它们吃腐肉的报告。斯坦福指出，主要负责捕猎的雄性黑猩猩在分肉的时候会有一些拉帮结派的行为。捕猎和分配的社会性，也许和交配优先权有关，这种社会性可能是我们从类猿祖先分化成专业猎人的关键。捕猎会促进社会合作、技能和智力的发展，这些都是成为人类的标志。

从我们当前工业文明的视角来看，"捕猎者"绝不是我们用来描绘自己的最佳词汇。但将时间稍稍向后退一点，想想看19世纪的美洲。1843年6月4日到10月24日之间，奥杜邦（John James Audubon），在

《密苏里河日志》(*Missouri River Journals*)中这样写道,我们看到美洲的一些地方人烟稀少,只有为数不多的拓荒者和印第安人部落。奥杜邦在6月9日写道:"我们看到三只加拿大马鹿游过[小密苏里河]。我们周围这种动物的数量多得让人难以置信。"8月11日:"无法描述,甚至**不敢相信***现在还有数量如此众多的这种动物[野牛],它们就生活在像海洋一样广阔的草原上。"奥杜邦和他的同伴们几乎每天都要打几只野牛、鹿、加拿大马鹿、羚羊或者狼。

很难相信,不到几十年的时间,我们就几乎彻底毁掉了那个物种丰富的世界。武器在其中"功不可没",人们靠来福枪灭绝了北美野牛。但狩猎的技巧可不仅仅是靠来福枪。根据奥杜邦的描述,只需要用带诱饵的吊钩就能抓住好多狼。野牛被赶到冰面上,它们在冰上不知所措,你可以直接用刀捅它们。它们也会被栅栏困住,"特别是格罗斯文特人、黑脚族人和阿西尼博因人",他们用木头和灌木做成栅栏,并带有漏斗状的通道,把动物引进去围住。野牛先是上了猎人的圈套然后被赶了进去。一个年轻人,"脚步很快,黎明时分披上野牛皮,头戴野牛头饰",然后,他"会学牛犊叫,一边慢慢地向通道狭窄处走去,一边一声接着一声地模仿牛犊的叫声。野牛们中了圈套,跟着他向前走",而猎人们就在后面大吼着追赶它们。然后所有野牛都完了。

要不是那些印第安部落,阿里卡拉人、苏人、阿西尼博因人、格罗斯文特人、黑脚族人、克罗人和曼丹人,一直互相打来打去——也正因为这样他们的人数才没欧洲人那么多——可能在欧洲人到来之前,野牛数量就已经大量减少了。看上去似乎以他们的人数不可能吃光他们杀死的几百万头大型动物的肉,实际上的确没有都吃掉。拓荒者常常只要舌头,还有热乎乎的脑子和肝,他们通常都是生吃。奥杜邦描述过这

---

*　奥杜邦划线强调。

样的景象："现在有个人把一头公牛的颅骨砸开,用血淋淋的手指头把公牛的脑子掏出来,带着一种奇怪的热情吞了下去;另一个人把肝掏了出来,津津有味地吃着无数的碎片;而第三个人,拿了瘤胃,正在尽情享用着不知道是什么的残渣——我看着怪恶心的。"奥杜邦写到这里灼热的天气,气温常常达 32℃,有时候超过 38℃。这种高温下,肉用不了几小时就不新鲜了,所以流浪猎人不得不每天猎杀动物,而且只能把大部分肉留给狼和渡鸦。

二战后,在来美国之前,我和家人成了难民,住在德国北部的一个森林里。我们会在森林里找橡子、山毛榉坚果、蘑菇和野莓。我父亲带着捕鼠器,我们可以用捕鼠器和陷阱"捕猎"小型啮齿动物。我记得我父亲有一次用马毛做的绞索套住了一只野鸭。找食物是我们的第一要务,我在德国森林里的年少时光里,最难忘的就是这些捡食经历。

有时我会和父亲一起去森林里,我觉得我们好像就是到处看看。有一次——我记得应该是早春时节,因为当时我们在一片空旷的山毛榉林子里,在水塘里的棕色树叶上发现了一只绿色的青蛙——我们靠着山毛榉树坐着,正啧啧有声地嚼着一小块面包。周围很安静,不过我怀疑有苍头燕雀在唱着歌,因为那天是个大晴天。过了一会儿,我们听到远处传来了狗叫声。一开始我们只漠不关心地听着,但后来我父亲跳起来,循着声音跑了过去。我在原地等着,他回来的时候背上扛了一头小狍子。他在一条喘着气的狗旁边发现了这头死狍子。他用一根棍子撵走了那条狗,于是这个战利品就归我们了。还有一次,我在一片云杉林中发现了一头死野猪,它可能是被在树林里打猎的英国士兵打伤后死在了那里。当时正是冬天,我在乡村学校上下学的路上好几次听到渡鸦在那个地方叫唤,于是我过去看了一下,发现了那头野猪。野猪已经被吃了一部分,但后腿上还有一些肥肉。我们最大的战利品也是非常偶然地发现的。我和小我一岁的妹妹玛丽安娜（Marianne）到树林里找木柴（这是我们每天的工作）的时候，发现在一条小溪边的高大赤杨树附近躺着一头死了的驼鹿。尸体还很新鲜，于是我们跑回小木屋告诉了父母，他们急忙赶回去用灌木遮住了尸体，就像猫掩藏猎物，或渡鸦藏肉一样（我会在下一章讲到）。

如果这片人烟稀少的北方自然生态系统尚未被人类开发，里面仍然生活着狼、鬣狗和剑齿虎，我们就不可能把这些战利品带回去吃掉，因为大型的捕食者和食腐者会先一步赶到。即便如此，我们也要快点把发现的尸体带走或者藏起来，免得被后来者发现。如果渡鸦来了，它们很快就会吃掉我们的战利品，它们的存在还会引来别的捡尸体的人——尤其是政府当局的人，他们会马上没收这些宝物，然后自己享用。

在缅因州大学读书的时候，我继续捡动物尸体，主要是一些被车撞死的动物。我非常珍惜这些松鸡、野兔和鹿的尸体，就像是我在狩猎季节猎杀得来的一样。我可以省下好多买食物的钱。那时候我靠吃这些死在车轮下的动物维持生活，不过不是所有的都吃。像我的家人一样，经历过战争的很多国家的人都不能太挑剔。一具大型的新鲜尸体意味着人们可以得到很多迫切需要的肉，《国家地理》（*National Geographic*）杂志上的一张非洲人收获大象尸体的老照片就能说明这点。钱塞勒（David Chancellor）拍摄的一张年代更近的照片上，展示了津巴布韦地区"在穆加贝（Robert Mugabe）的统治下艰难求生"的一大群人围着一具大象尸体的场景。钱塞勒解释说："天刚亮的时候，一个骑车路过的村民发现了这具尸体。虽然这里前不着村后不着店，可没过 15 分钟就有几百人从四面八方蜂拥而至。女人们在大象尸体周围站了一圈，男人们则站在圈子里，拿着刀搏斗，争夺大象的肉。"只有一个物种能够快速处理掉这么大的尸体，那就是我们人类。这群人拿着刀来割肉，还拿着矛或枪防备来跟他们抢尸体的狮子。工具改变了一切。

小时候,我经常在德国的哈恩海德森林里发现似乎是史前人类用过的碎裂的燧石。那时,我的思维还无意识地停留在更新世。而现在,我的本性经过几十年的文化洗礼,那种思维可能得到了升华或者改变了方向,不过变得并不太多。我觉得我是个地地道道的捕食者。我小时候对武器特别着迷,但因为年纪小,我在青春期只有一把折叠刀和一个用红色橡胶内胎做的弹弓,内胎是学校里的小孩不知道从哪捡来的。我一直在寻找"完美的"枝杈和小片的皮来升级这个武器。甚至如今每次看到一个非常适合用来做弹弓的完美枝杈,我的心里就一阵伤怀。十来岁的时候,我迷上了矛和弓箭,之后是用来打松鼠和野兔的 22 口径手动栓式单发来福枪,而现在我的关注和敬意给了温彻斯特.30－30 口径杠杆式猎鹿来福枪。

我想象着一个在哈恩海德森林的人(*Homo*)将一棵合适的小树削成矛。其实,至少 40 万年前,当直立人(*Homo erectus*)在北欧生活时,"他"肯定得带着矛或别的武器。那时候狮子跟踪着他们,猛犸在平原上随处可见,但不会有免费的动物尸体等着你去捡。每具尸体都要靠战斗得来,尤其是那些位置比较显眼,而且不好带走或者藏起来的尸体。

人类在大约 170 万年前的更新世初期走出了非洲。他们从名为南方古猿的瘦小的人科成员进化而来,历经大约 100 万年。南方古猿已经能够制作石器和吃大型动物了。这些像猿一样的两足动物,个头不大,也没有大多数进化为捕食者的动物那样的尖利爪牙,除了捡拾尸体和更厉害的猎手杀死的猎物以外,其余的事是怎么做到的?他们怎么能制服飞奔的羚羊、硕大的河马、凶悍的野牛和大象这些与狮子、豹和剑齿虎对峙了几千万年的动物?

一种可能性是,他们——还有我们——不捕猎大型动物。但研究现代猿的斯坦福,以及在南非长大的博物学家并自学成为考古学家的埃德米兹(Baz Edmeades)认为,我们从一开始就是最主要的猎手。动物不会轻易死掉,即便死了,也不会轻易被人类获取。大型动物无论死活都是一大堆肉,在充满了全副武装的强大捕食者的自然系统中,它们只要一变弱,就会马上被杀死吃掉。任何一具动物的尸体——不管是怎么死的——很快就会被强大的捕食者控制,而这些捕食者既然已经获得了战利品,并且为此付出了巨大努力,自然不会把它们的猎物拱手让给同样也是猎物的区区原始人。所以,如果你是一个想吃肉的原始人,你可能会想到这点:与其从狮子嘴里抢食,何不自己去打猎。即使原始人发现了一具新鲜的尸体,他们也必须在大型野兽赶来之前先拿到肉。他们没有猫科动物、鬣狗和狼那样巨大、尖利的牙齿来撕肉,因此锋利的切割工具是至关重要的,有了这个,他们才可以,也更愿意捕杀猎物。幸运的是,在哈恩海德的时候我们有一把刀,如果没有的话,那我们就吃不到发现的尸体了。

早期的人类要成为猎人,还需要借助其他有利条件来弥补跑得不快的劣势。现在的理论认为,他们利用了炎热的正午这一有利时机,这样可以减少夜行性捕食者的竞争,而且在追赶大型猎物的时候,他们的耐力毫不逊色,甚至略高一筹。原始人可以爬到树上躲避他们的捕食者(和竞争者),但要想抓到猎物,不管是原始人还是与其竞争的食肉动物,都必须在地面上施展特别的优势才行。猫科动物靠速度,原始人靠的是耐力。

大型猎物无处可藏,而且它们留下的明显踪迹可以被清楚地看出它们从哪来,到哪去。它们个头较大,因此更容易在活动时变得过热。而两足原始人身体上没有毛,头上和肩膀上的毛发能够隔热,又可以通过大量出汗降低体温,这些都为他们于白天高温下在开阔的平原上狩猎提供了优势。靠双脚行走和对热量的控制让人类可以跑得比猎物快，而且他们的双手被解放了出来，这对爬树自保，以及制造和使用攻击性武器都是非常重要的。

使用工具（比如扔石头，用长杆进攻和防守）让人类智慧的进化以自我强化的方式螺旋上升，因为毫无疑问在狩猎竞赛中至关重要的能力变成了交配竞赛中性选择的筹码。没有毛成了早期人类的优势，并为他们打开了猎杀更快更大猎物的百宝箱。猎杀的动物越大，社会荣誉就越高。就像现在，还有像其他捕食者一样，狩猎最激动人心的地方大约就是这种成功机制。我后面也会提到，我们作为猎人，即便是面对大象，也是无比成功的，当然大象并不是今天生活在非洲的那些。

有人说非洲现在仍然有令人称奇的"更新世动物群"。罗斯福（Theodore Roosevelt）曾经写道：

> 没有亲眼所见的人很难想象卡皮蒂平原和阿西平原[靠近肯尼亚内罗毕]以及周围山脉上的猎物数量之多。我在卡皮蒂及其附近见到最多的是斑马、角马、麋羚、格氏羚，还有"汤米"或称托氏羚，它们是这两个平原上最常见的动物；斑马和麋羚……目前是最多的。这里还有黑斑羚、小苇羚、小羚羊、小岩羚和犬羚。我们边走边打猎，沿途没有不见猎物的时候。

除了非洲的羚羊、斑马和长颈鹿，很长时间以来人们认为更新世原始动物还有数量庞大的猩猩、大象、河马、野狗、狮子、花豹、非洲猎豹和鬣狗。虽然在长达500万到1000万年的时间里，热带大草原都是非洲大陆的一大特征，可现在草原上的居民和过去住在这里的动物相比，不过徒有其表罢了。

　　容易被捕杀的大型动物最先灭绝了。同时，原始人进化出了不同的外形，南方古猿的后代最终进化成了大块头、大脑袋、行动敏捷的直立人。他们会使用火，可能也会说话，会制造用来切割和穿刺的石器，他们遍布非洲各地，捕杀大型动物。

　　正如已故人类学家马丁（Paul Martin）最先提出的那样，直立人是遍布全球的致命猎手。从一块大陆到另一块大陆，他们每到一个地方，当地很快就有大量的巨型动物灭绝。这些灭绝的动物里包括各种大象，其中最著名的要数浑身长着毛的猛犸象。埃克利（Carl Akeley），既是探险家，也是战绩显赫的猎手，纽约的美国自然史博物馆里生动地展示着他捕杀的大象和其他非洲大型动物。他说，他见过最大的大象到肩膀顶部的高度为 3.5 米。他听说过的最大的大象长着"超大的象牙——有 35 千克重"。而直立人杀掉的猛犸象，和非洲象一比就是巨兽。

　　埃克利深知杀死一头现代非洲大象有多难，就算用猎象枪也是如此。大约 100 年前，他躲在乌干达的一棵树上"查看 250 头大象，它们追我的时候跑得太快了，我没能看清里面有没有我想要［在博物馆展示］的种类"。还有一次，他站在 700 头大象中间，听着象群发出"持续的呼号和尖叫，同时不停撞击着灌木和树木"。丛林就这样被夷为平地。有一次，一头老公牛"挨了 25 颗猎象枪的子弹才倒下"。公牛死掉的同时埃克利本人也差点丧命，当时那头公牛想用两只尖角刺死他，万幸牛角扎到了埃克利身体两侧的地面上。

　　很难想象更新世的人类是怎么用长矛杀死大象（比如猛犸象）的，但显然他们做到了。现存的猛犸象标本中很少有完整的成年象可以用来和非洲象比较，但西伯利亚出现了罕见的标本（它们可能是陷入了浮动的沼泽，或者踩碎了湖面或河面的冰层落水淹死的）。1846 年，西伯利亚遭遇了一次热得反常的夏天，一群人从遥远的地方乘坐汽船沿着因迪吉尔卡河逆流而上,他们吃惊地发现,在打着旋的水流中浮现出了一个披着棕色长毛的"可怕的黑色庞然大物":那是一头长毛猛犸象。他们用马把尸体从河里拉了出来,只见这具尸体高 4 米,长 4.5 米,象牙长 2.5 米。发现猛犸象尸体的人们在检查它胃里装了什么(带着青涩果实的冷杉树枝和松树枝)的时候,放置拖上岸的猛犸象尸体的河岸塌了,这头巨兽被卷入了水流中。另一具猛犸象尸体,还是在西伯利亚,从多年冻土中融化了出来,之后被熊、狼和狐狸吃掉了一部分,这具猛犸象尸体的象牙长 3 米,重 160 千克,是埃克利说的那个超大非洲象象牙重量的 4.5 倍。以前的人类发现了享用这些巨型大象的肉的办法了吗?我们唯一的直接证据是在残留的尸体上扎着的几个矛尖。但这些猛犸象已经不存在了,所以可以间接证明我们可能把以前的一些大象捕杀到灭绝了。

北极苔原猛犸象[猛犸象属(*Mammuthus*)]至少从大约 500 万年前的上新世就开始生活在地球上,直到它们在地球上的最后"时刻"(也许不到 4500 年前),它们灭绝了。另一种稍小的大象,乳齿象[乳齿象属(*Mammut*)],个头"仅有"非洲草原象那么大,外表酷似猛犸象。刨除其他区别以外,它们长着非常独特的牙齿。它们和猛犸象在同一个时代的冷云杉、冷杉和白桦林里生活过。乳齿象从 3400 万年前的渐新世就已经出现,而它们也是在仅仅几千年前灭绝的,同样是恰逢人出现在当地之后。

毫无疑问,早期人类的耕种和捕猎技术在几百万年里发展缓慢。重要的是,后面我会讨论这点,非洲象可能不是人类的主要目标,所以它们活下来了。当人类发现了容易捕到的猎物,他们就开始停止捕猎其他动物了。人类最先下手的可能是一种完全不同的动物,如海龟。海龟手到擒来,但需要工具把肉从龟壳里弄出来。狒狒和黑猩猩捕猎和吃野兔或猴时都不需要工具,但人类如果没有工具主要猎物就没法吃,也抓不住。

　　500 万年前,非洲生活着很多种大型海龟。抓它们基本上就和捡现成的尸体没区别:无论海龟是死是活,捕食者只要把它背朝下翻过来,就能咬穿它的身体。没有证据证明南方古猿这么干过(怎么留下证据?),除非这些海龟在 300 万年前就消失了。但南方古猿为什么没吃海龟呢? 他们是食肉动物,而且大约 250 万年前的上新世晚期,南方古猿已经用自己制造的石器在兽骨上留下了痕迹,而且可能已经会"伺机抢夺被猎杀的猎物"(埃德米兹的说法)了。他们大脑的尺寸和今天的黑猩猩差不多大。一些黑猩猩发现了从坚硬的白蚁丘里钓取白蚁的办法,它们把长长树枝伸进白蚁丘上的洞里,再拔出来,然后舔食附着在上面的白蚁。它们通过训练把这种行为传递了下去。而上新世的南方古猿可能学会了打破海龟坚硬的外壳而得到里面的肉,也许是用石头把它砸碎。而打碎了的石头也有了锋利的边缘,可以用来切割或绑在棍子上用作刺穿性武器。

　　把非洲的海龟消灭干净之后,原始人并没有停止以肉这一方便的食物为食。随着原始人进化成更厉害的猎手,吃肉之旅也在继续。弗莱堡大学的考古学家许勒(Wilhelm Schüle)有力地证明了原始人是巨型海龟在 8000 年前(原始人来到地中海诸岛之后)——一眨眼的工夫——灭绝的罪魁祸首。原始人几乎灭绝了他们居住之地的所有巨型海龟。现在这种海龟只生活在地球上最后的偏远之地——加拉帕戈斯群岛,而且这也仅仅是因为它们恰好被严密地保护起来了。人类侵入它们避难的岛屿后,马上就把它们抓起来,肚皮朝上活着堆在船上,作为定量供应的鲜肉。那种情况下,它们比其他动物存活的时间更长。

　　亿万年来,原始人一直把海龟当成容易到手的肉——他们只需要把海龟捡起来。很多海龟物种在地球上存活了几百万年,仅仅是因为南方古猿用了这么长时间进化成原始人,然后原始人最终占据了太平洋上最遥远的岛屿。海龟灭绝几百万年之后,非洲的巨型动物才开始大量灭绝,也许是因为南方古猿进化成直立人之后才成了精于捕猎大象和其他巨型动物的老道猎手。

吃会跑的大型猎物(无论是通过打猎还是通过捡拾尸体获得)的一个先决条件是拥有合适的工具。人类来到非洲大陆之前,这片陆地上居住着(如马丁和埃德米兹所说)大约 9 种类似大象的动物,四种巨型河马,巨型猪、巨型羚羊、花毛马、貂羚、巨型斑马、长颈鹿,还有个头和猩猩一样大的巨型狒狒。前智人很有可能猎杀大型动物,包括大象。在德国雷林根,人们在一具有 50 万年历史的大象残骸旁发现了一个紫杉木矛。在英国博克斯格罗夫发现的犀牛肩胛骨上有一个疑似被矛刺穿的洞孔,据测定也大约在同一时期。50 万年前,直立人的后代(假设是猎人)从非洲离开[现在一般称作海德堡人(H. heidelbergensis)],开始在欧洲各处生活,他们能够制造双面的石头手斧。在阿舍利文化(以最初在法国阿舍利被发现的工具名命名)时期,他们用这种工具当斧头或刀子,用来切割动物尸体。美国罗格斯大学的莱普雷(Christopher Lepre)及其同事在肯尼亚发现的这些手斧显示,这些工具里面有的是176 万年前的直立人使用的。

在大型猎物的古代狩猎工具上最重大的发现,可能是 1997 年蒂姆(Hartmund Thieme)在德国舍宁根镇附近的煤矿里发现的长矛。大约50 万年前,住在湖边气候凉爽的云杉和桦树林里的旧石器时代早期的猎人,在他们屠宰的动物尸体残骸中留下了篝火的痕迹和很多用来切割的石器,这些动物里面有马,还有大象和鹿。他们精心制造的矛因为落进了水里而完整地保存了下来。这些矛长 2.5 米,厚 5 厘米,像现代田径项目中使用的标枪,只是标枪重心位于前三分之一,以提高空气动力稳定性。这一发现非常不可思议,因为像木头和动物尸体这种易腐

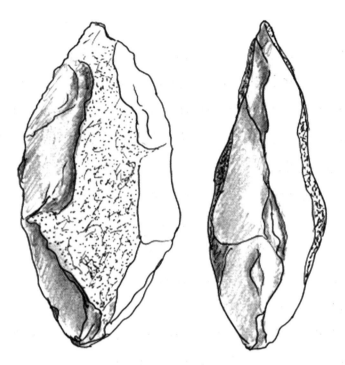

我在博茨瓦纳散步的时候在地上发现的阿舍利手斧。这可能
是 170 万年前的直立人制作和使用的工具。

坏的东西几乎肯定会在很短的时间内痕迹全无。

另一个发现是在英格兰肯特古湖泊遗址的大象尸体,约有 10 吨重
(是现代大象的两倍)。这头大象似乎是 40 万年前被杀的,它的骨头周
围有很多细小的燧石工具,可能是用来切割象肉的。这头大象可能是
死后被发现的,或者是在它状态不佳无法自卫的情况下被杀的。不过
有的时候,人类的确是导致大象灭绝的原因,因此这头大象也可能是死
于人类有计划的猎杀。

人类发明了弓,就可以把箭射出去,于是人类有了能够猎杀驼鹿和
其他大型动物的有力工具,但这种工具用来对付 7 种现在已经灭绝的
猛犸象、乳齿象或其他十来种个头和大象差不多的动物作用不大。杀
死大象需要一种更强大的工具:矛。如果埃克利杀死非洲象的经历能

给我们什么启示的话,那就是,即使有矛在手,人类在面对远古时期的大象时仍然非常无力。但是,有非常令人信服的理由说明,拿今天的非洲象来定论猛犸象猎人面对的动物有失公允。非洲象(目前已知有两种)没有灭绝,很可能是因为他们和人类一起进化了。共同进化的过程中可能存在着军备竞赛:人类狩猎者改善进攻技能的速度慢,而猎物的防御能力进化得相对快一些。当人类发明出更好的矛之后,大象的大个头就不再是优势了。之后,大象可能学会了把家庭成员聚集起来形成象群,这时它们可能会遇见猎人集体攻击,于是大象又开始将象群扩大到几百头。发展到最后,它们可能对只有矛的人类免疫了。大象的机警、攻击性和象群成员之间互助的凝聚力,可能都是 100 多万年(或者更短时间)来应对人类狩猎的选择压力而产生的结果。

但并非所有在地球上的大象都因人类捕猎的选择压力而改变,所以离开非洲的人类从竞争相对较高的环境进入了一个完全不同的世界。对于很多被捕猎的物种来说,人类的到来就像天花病毒最开始传播到美洲一样——或者说像吞噬干草的野火一样。

达尔文(Charles Darwin)的《"贝格尔号"之旅随船日记》(*Diary of the Voyage of H. M. S. Beagle*)(1831—1836)揭示了与人隔绝对动物们产生的影响,以及由此产生的缺乏对抗人类的防御力的后果。1835 年 9 月 17 日,"贝格尔号"抵达加拉帕戈斯群岛的圣史蒂芬港,那里停着一艘美国捕鲸船,达尔文在日记里写道:"海湾里挤满了各种动物,到处都能看见鱼、鲨鱼和海龟冷不丁地从水里探出头来。钓鱼线很快被抛入水中,大量半米甚至 1 米长的鱼被钓了上来。船员们对这项运动乐此不疲,船上到处都能听到欢笑声和钓上来的鱼重重拍打甲板的声音。晚饭后,一伙人去岸边抓海龟,不过没成功……海龟数量如此之多,只用了很短的时间,单单一条船上的成员就在这里抓到了 500—800 只。"年轻的达尔文没多久又在日记里写道:"1 米长的鸟,在草丛里安静地跳来跳去,你就算朝它们扔石头,它们也不害怕。金先生用帽子杀死了一只,我用枪托从树枝上打下来一只大个的鹰。"把鸟或鹰换成猛犸象也一样,无法想象它们竟然不怕人。

对狩猎者的恐惧是最基本的生存策略之一,动物可以通过遗传程序、直接自经验中学习,或从模仿其他社会成员的行为中获得恐惧行为。对我们和其他一些狩猎者/捕食者来说,恐惧是双向的。我们有武器之前,更强大的食肉动物可能把我们当成猎物,特别是在它们用猎物把我们引诱过去杀死的时候。我们需要害怕它们。等我们制作出矛和箭,可以射出矛和毒箭的时候,它们就需要害怕我们了。只要一看见我们,它们就像抢劫犯看见穿制服的警察一样,撒腿就跑。直到最近,东非的马赛人开始用矛猎杀狮子之后,狮子才开始一看见这些红袍部落人就跑。南非本地冒险家兼作家凡·德·波斯特(Laurens van der Post)50年前曾写过,在南非时,他的祖父告诉他布须曼人(用毒箭做武器)用烟和火把狮子从它们的猎物边驱走,从而分食狮子吃剩的猎物。人类学家和作家托马斯(Elizabeth Marshall Thomas)写过布须曼人显然是通过和狮子的协议把狮子从它们的猎物边赶走的。不过这协议好像是在布须曼人拥有武器和智慧的前提下,文化条件作用的结果。虽然我们现在靠来福枪可以更容易地从捕食者嘴里抢猎物,但史前人类可没有这种优势。

恐惧或高度的警惕性,还有限制运动的结构,都会耗费很多能量。所以巨型海龟可能不会感到害怕,因为它们有铠甲,而且与外界隔离,它们只要把头缩进壳里就行了。而大象,因为自身庞大,一开始可能不会把人类当成威胁。一个人几乎可以靠近大象仅仅几米远,胆子大的人甚至可以直接钻到大象肚子底下,非洲的俾格米人直到近代还能这么做。

现代的矛,也就是田径运动中使用的标枪,重800克,长2.5米。其外形很接近在德国发现的40万年前云杉木做的矛。标枪投掷的世界纪录是104.8米,由德国的霍恩(Uwe Hohn)保持。但当代的奥林匹克标枪运动好像低估了矛作为古代人武器的力量,有一部分原因是竞技用的现代标枪被有意地缩短了射程,威力也降低了。(讽刺的是,新的世界纪录比过去还要少6.32米,因为在霍恩创下纪录的第二年,国际田径联合会就更改了标枪的设计,缩短了它的射程。)在至少3万年里,使用矛的猎人们都会使用投射器,用它作为手臂的延伸。有时候他们也会在矛的重心位置附近系上皮带,用它给投掷出去的矛加上旋转的力量,这样可以大大提高精准度和穿刺力。

我们进化成人类以后开始离开非洲,当时可能已经配备了矛这种武器,其中一部分人类成了游牧民。我们不是在一处定居下来,而是为了寻求食物更多、敌人更少的地方而继续前行。作为游牧民,我们不得不为了食物而频繁杀戮,在南来北往中把剩下的尸体留给成群的乌鸦和秃鹫。

使用工具和共有型文化让我们的智慧得以传播,而具备在需要时凝聚成集体的能力让我们在面对强大的食肉动物时,能够保住猎物的尸体。作为猎人,我们也会食用自然死亡的动物的肉。但无论我们是怎么得到肉的,无论是不是我们造成了所有大型动物的灭绝,在处理曾经生活在陆地上的最大动物的尸体方面,史前人类都可以算得上世界顶级高手。

通过狩猎和捡动物尸体,变成食肉动物之后,原始人接触利用了一种高度集中的能量资源。这份额外之礼又反过来为他们在进化道路上创造了更多的能量,先是减少了消化器官,之后减轻了体重,提高了奔跑的速度,还增加了大脑的尺寸。大脑是一个巨大的耗能装置:我们的大脑能消耗我们所摄入的能量的大约百分之二十,而大多数动物哪怕节省百分之一就是一种选择优势了。额外的能量消耗如果不能成为巨大的选择优势,就会很快被淘汰;任何物种都不会进化出庞大的大脑,除非它们供养得起。我们从动物尸体中获取的高养分的蛋白质和脂肪为我们进化出较大的脑袋提供了条件,但这并不足以解释变大的原因,因为别的肉食动物的脑子都没有像我们这样变大这么多。无论如何,和别的肉食动物相比,早期人类在体力上不堪一击,因此其他动物有的东西早期人类需要靠智慧来弥补,这就是武器。

正如猩猩学会了把木棒插进白蚁丘里再拽出来,然后舔食白蚁一样,早期人类很可能了解到碎石头可以用来切割(毕竟,他们可能被石头割破过光着的脚)。下一步就是有意把石头砸出锋利的刃来,然后,可能就是把它系在一根棍上,去刺一只快死了的动物。想要杀死一只猛犸象而不会被踩死,可能需要五六个甚至更多的人同时投掷长矛,把猛犸驱赶到沼泽里,让它深陷其中,或是在深谷里来一场伏击。从灭绝了至少 12 种大象这一结果看,早期人类的这种群体活动比我们现在要成功得多。

美国阿拉斯加大学的名誉退休动物学家古思莱(R. Dale Guthrie)教授提出,旧石器时代艺术是我们的祖先对大型动物着迷甚至狂热的有力证据。大型动物的重要之处不仅仅在于它们能够作为食物,不然这些早期人类除了马、鹿和野牛以外,还会在岩画里画上橡子、马铃薯和山毛榉。狩猎需要思考、团队合作和沟通技巧,这样才能创造并使用弓、矛和投射器之类的工具。只有非常了解动物行动的踪迹和不断地根据实际情况进行想象,才能作出准确的预测。对动物的共情几乎是一种不可避免的产物,因为猎人需要贴近动物的"内心",才能理解和预测它们的行为。凡·德·波斯特指出,布须曼人作为技艺高超的猎手,"好像能清楚地知道大象、狮子、小岩羚和蜥蜴等动物的真实感受……"。他们追赶猎物时的耐力也被人们所熟知。除了有力量、耐力、洞察力和对打猎满怀热情以外,一个猎人还需要有扎实的知识。没有男人们的合作和沟通，根本不可能猎杀大型动物。但也需要和女人们合作，女人可以给动物剥皮、处理肉、制革、做衣服和工具、搭建庇护所。和几乎所有动物一样，能做事在人类的生活中是非常重要的，可以成为择偶的本钱，促成性选择。杀死野牛的主力和帮手，比没出力的男人更容易抱得美人归。同理，会鞣制兽皮，用它做成暖和衣裳的女人，也会更受男人青睐。迎接较大挑战的能力，会成为个人独立于其他方面价值的价值勋章。就像孔雀的尾巴一样，越大就越好，虽然可能也要付出相应的代价，这是一个根深蒂固的规律。我从没见过缅因州的哪个（丰衣足食的）猎鹿人会放过他遇见的最大的雄鹿，也没见过谁吹嘘自己打了一只最小的鹿。

无论过去还是现在，人们总是狂热地想要"打最大的"，因为这不仅是成功的象征，也是我们谋生的基础。我们"成功地"毁灭了很多新西兰的恐鸟和马达加斯加的隆鸟（重达 0.5 吨）。那时候大象和巨型海龟已经被遗忘很久了，没有人对此感到一丝愧疚。

第一波人类来到美洲后，猛犸象和巨型树懒就灭绝了，那时的人类很可能根本没有关于"限制捕猎"的知识。等到最后一批人类带着更新更强大的武器来到美洲后，最大的陆生动物——野牛，也转瞬灰飞烟灭。

"大"有的时候更多的是指群体数量多而非个体庞大。爱斯基摩杓鹬（现在已经灭绝了），因为身上厚厚的一层脂肪就像面团一样，所以也叫"面团鸟"，这种鸟在楠塔基特岛上被大量射杀，以至于直到弹药打光，这场屠杀才停下来。电子通信工具和列车的出现使得抓鸽子的人涌入广袤的旅鸽繁殖地，旅鸽注定难逃一死。船只的出现，让大海雀和渡渡鸟栖息的大片岛屿不再安全，所以它们也早就灭绝了。

战胜大象可能是造就今天的我们的第一步，帮助我们发明出工具，从而在攻击更大的猎物时扭转局势。三四百万年前,我们通过吃肉获得的能量,以及一个又一个的发明,让我们走上了"失控"的进化之路。最终我们进入了人类社会进化的新阶段,这一阶段,文化发展取代了生物性的进化,开启和维系着这个过程的巨大能量来自对 3 亿年前的植物(主要是树木)残余的回收利用。这种化石能量的处理能让铁熔化,人类继而为获取能量发明了更多的工具。如今这些技术正在使用古老的苏铁、木贼和蕨类植物为我们的农场和工厂提供燃料。我们一直都是最终的回收者。从煤炭森林到地球上的大部分动植物——家禽也好,猛犸象也罢(现在又加上了鱼)——都没有进入可持续的地球生态系统,而是直接被我们回收了。到现在为止,人类几乎没有为停止"增长"作出努力。人类(可能除了中国人以外)仍然没有发自内心地认识到,无论我们个人是否选择这样做,我们都需要遵守人口限制。我们也没有认识到,如今我们手里的工具就像孩子手里的一盒火柴一样危险。我们永远不会停止对资源无休止的需求,但我们可以停下人口的增长,这样就能为我们留下自由选择可用资源的余地。

II

北到南

写到今天,正值 5 月中旬。在缅因州,我周围的自然环境和一个月前已经大相径庭。如今色彩也成了大自然的新风景:两周前,山上的棕灰色森林里冒出了星星点点的红色,那是红花槭绽放的花;过了一周,糖槭红色的叶子中间冒出了一片片浅黄色的花朵;又过了一两天,唐棣的白色花朵开了,就像是绿色浪潮中升起的白帆。唐棣的果实还是青的,但它们几乎等不到成熟就已经被各种鸟啄光了。唐棣也叫葬仪树,因为它开花的时节是传统意义上教堂为冬天死去的人举行葬礼仪式的时候,冬天的尸体要一直待到春风解冻坚硬的大地之时才能入土。

在北方,新生命开始的季节正与埋葬逝者同一时期,树木的花期物候是季节最好的日历。但这种日历在各地是不一样的,而且只有在食腐生物活跃的时候才能为死者送葬。在北方,我居住的这个地方,冬天或早春时节没有埋葬虫活动,几乎没有细菌进行分解活动,没有苍蝇或苍蝇幼虫,秃鹫也还没有从越冬的南方飞回来。在所有的主要食腐生物中,只有一些哺乳动物和乌鸦还在冬天活跃着。

北方的冬天——为了鸟儿

我们爱的是所爱之物的本色。

——弗罗斯特，《雨蛙溪》(*Hyla Brook*)

在所有影响动物尸体处置的变量中，温度起到的作用最大。温度低时，细菌停止分裂，清道夫昆虫们不能飞行，而光着脖子的秃鹫，如果不飞往南方就会冻死。我在 7 月把鹿的尸体放在屋外的时候，因为异常的高温，苍蝇才成群赶来，一举击败了包括鸟类和哺乳动物在内的所有竞争者。如果我是在秋冬或早春季节把鹿放在那儿，可能尸体大部分都会被渡鸦"天葬"了。

不过在北方的自然栖息地里，第一批参与清理尸体的动物是狼、大型猫科动物和丛林狼，它们会捕食虚弱的动物，或是直接剥开因为饥饿、衰老或患病而死亡的现成尸体。第二批是狐狸和鼬科动物（狼獾、渔貂、美洲貂、鼬），有时候也包括一些捕猎的大型鸟类（如白头海雕和金雕）。接着是渡鸦和喜鹊，最后是松鸦、山雀，可能还有啄木鸟和鸲，这些小鸟只能捡些剩下的残渣碎屑。

怀俄明州的黄石公园是美洲大陆上为数不多保存有远古时期巨型动物残骸的地方。现在这里生活着鹿、加拿大马鹿和野牛，还有它们的捕食者和殡葬者——熊、犬科动物、鼬科动物、渡鸦、喜鹊和鹰。最近才被引进的狼目前是这里的顶级捕食者，虽然它们有时候可能是嗜血的"清理者"，喜欢对衰老和虚弱的动物动手——也就是说我们想象的"自然"死亡几乎很少存在。在处理尸体过程中，很多参与者的清理过程会重叠：甚至是狼正在撕开新鲜的加拿大马鹿或野牛尸体，大群渡鸦和喜鹊就已经开始共享盛宴了。单独行动的金雕和白头雕也可能参与进来，用不了一天，尸体就被撕成碎片。黄石公园是曾经存在的北美天堂的一个样本，你可以住在山中的小屋里，需要的时候可以猎加拿大马鹿、钓鳟鱼，夏天种一片花园，秋天摘浆果，最后把你的尸体留在这里，作为这一切发生的见证。现在，从人类的角度来看，这个国家大部分地方成了观光地。

我们只能将就利用现有的条件，对我来说，缅因州马马虎虎算是个提供了观察和实践条件的地方。这里的天然树林里生活着大量驼鹿、小鹿和黑熊，而且在 20 世纪的前 50 年，类似狼之类的犬科动物也回到了这里。之后北美的头号清道夫渡鸦也回来了，因为丛林狼的存在为它们的生存提供了重要一环。渡鸦在冬天开始繁育后代，然后才来得及让幼鸟在之后的一年里长大，而丛林狼把冻死的鹿开膛破肚，让渡鸦能在冬天找到食物。我喜欢这些森林。我对它们十分满意，因为它们肯定活得比我长，丛林狼、鹿和渡鸦也能长久地活下去。

为了了解渡鸦，我曾经和它们一起生活过一段时间，这意味着我需要吸引它们，有时候还需要驯养它们，以便近距离观察。到现在为止，我和同事们在缅因州的冬天里见证死亡的大部分小鹿、驼鹿，以及其他野生和家养的动物，最终都进了渡鸦的肚子。直到现在我们还有很多渡鸦老朋友，在长达几十年的时间里，它们是我们观察渡鸦的交流等行为的向导。爱伦·坡（Edgar Allan Poe）在他著名的诗里这样写道：

　　……我开始产生联想，

　　浮想连着浮想，猜度这不祥的古鸟何出此言，

　　这只狰狞丑陋可怕不吉不祥的古鸟何出此言，

　　为何对我说"永不复焉"*

显而易见，爱伦·坡虽然描写了"栖在他房门上"的一只渡鸦，但他可能从来没见过这种鸟，要么就是他那只渡鸦在他房门上蹲得太久了些。

　　2010年11月中旬一个寻常的秋日午后，我和侄子在野地里露营猎鹿（不一定能找到，更不用说打到了）。几个朋友也和我们一起，如果没有他们，那些日子几乎不可能那么欢乐。我的两只渡鸦朋友歌利亚（Goliath）和白羽（Whitefeather）也来了，或者至少我觉得它们来了——我再也没法认出它们来了。这都不重要，就算过去20年里这对渡鸦中的某一只被换掉了，那新来的鸟也和原来那只一样珍贵。我认识很多渡鸦，还没遇见一只我不喜欢的。

　　我从1993年就开始养歌利亚，它当时还是只雏鸟。和别的渡鸦雏鸟一样，小时候的它圆滚滚的。等到羽毛快长齐的时候，渡鸦雏鸟就和成鸟差不多重了，但它们翅膀和尾巴上的羽毛还很短。歌利亚会飞之前走起路来摇摇摆摆、趾高气扬的，若不是我挠它头的时候它会闭着眼睛发出柔软可爱的呜呜声，我就把它当成笨蛋了。后来它和同巢的小伙伴们成了我在鸟舍里做智力测试的对象，它们完成了很多测试，比如堆玉米片、一次抓好几个炸面圈，还有抓住挂着的一长串香肠。我还测试了它们贮藏食物的行为，包括记忆和对竞争者反应的预期。

　　歌利亚长大以后，就成了力量和优雅的化身，所有的渡鸦都是如此。它长长的翅膀拍击着空气，发出呼呼的风声。以每小时65千米的

---

　　* 引用自曹明伦的译文。——译者

速度飞行的渡鸦会让红尾巴宽翅膀的鹰都相形见绌。有时候它会飞上高空,像鹰一样张开翅膀翱翔。渡鸦这个物种的翅膀可以用"两种方式"飞。

歌利亚3岁的时候,在我的缅因州鸟舍里和20只野生渡鸦一起生活,它很快就和鸦群里的一只雌渡鸦建立了友谊。我发现了它和这只雌渡鸦——也就是白羽——的关系之后,就把鸟舍里的一块分区给它们单住(鸟舍一共有三个分区,总面积40万平方米,就建在我的树林里)。这块分区上方有一块离地面三米高的遮棚,就挂在一棵茂密的云杉的树冠下面,模拟渡鸦喜欢的筑巢点:有遮蔽的悬崖洞穴。1996年,它们在遮棚里筑了巢。

白羽在巢里下了四颗蛋,这对夫妇养育起了自己的两个孩子,还有我给它们收养的四个孩子[我在佛蒙特州鸟舍的渡鸦胡迪(Houdi)的孩子,它遗弃了自己的幼鸟]。之后我把缅因州鸟舍的一边撕开了一个口子,这样歌利亚和白羽就可以到外面去给幼鸟找吃的。虽然歌利亚有时候总能得到一些救济,但夫妇俩还是靠自己,努力在缅因州的森林里寻找食物,一直到幼鸟会飞为止。1996年之后的几年里,我住在佛蒙特州,但经常会回去拜访我的渡鸦们。只要我一靠近它们的领地,一叫歌利亚的名字,它就会从附近的林子里回应,飞出来迎接我,接受我带给它的小零食。夏天的时候,如果我妻子来陪我,我们就在小木屋旁边生火烧饭,这时候歌利亚通常会栖在火堆旁一棵死了的大云杉上。它的伴侣一直很谨慎,一般会躲在附近的松树林里我们看不见的地方,虽然有时候它会叫几声。

随着歌利亚年岁渐长,和我的接触越来越少,它开始变得更加独立。我没办法把它带到佛蒙特州(我在伯灵顿的州立大学任教),因为它不是在那些人身边长大的,第一次见生人对它来说可能就是最后一次。但我还是会定期去看它,而且每次都给它留吃的。它正在变成一个真正的猎手。在它常常落脚的鸟舍旁的一棵红槭下，我发现了红嘴蓝鹊的羽毛和一具灰松鼠残骸。我想它已经能自己觅食，不再需要我接济了。

有一年，歌利亚明显变得特别沮丧，可能对我还有点生气，因为我太久没来了。它以前和我一起在小木屋里呆过。可能它以为我就在屋里，却不出来喂它，不过它究竟在想什么我当然不知道。但它做了什么我却很清楚：我回到小屋的时候，发现小屋的木块之间被掏出了许多裂缝，而歌利亚以前从没在这里叼走过一根草。它也进了厕所，从那拖走了一卷厕纸，滚得树上和地上到处都是碎片。从那之后它再也没有回来找过我。出于现实目的，它可能已经离开了，而我也是这么认为的。

1997 年的整个秋天我几乎都没去缅因州，当时歌利亚已经 4 岁了，等我再回去的时候，歌利亚和白羽已经不见了。但 1998 年新年刚过（那个冬天缅因州正经历着一场大冰暴）我就回到缅因州，再过几天我要见我的冬季生态班学生。在几乎两周的时间内我没有看见一只渡鸦，但 1 月 10 日那天，我们正要离开的时候，这对渡鸦突然出现了，就好像从没离开过一样。我看到它们时大吃了一惊。它们俩在曾经住过的鸟舍里和筑巢的遮棚里大声地叫嚷着。

它们又要准备筑巢了。和别的雄性渡鸦一样，歌利亚想回到之前成功筑巢的地方去。它不停地进到鸟舍里检查它们的旧居。雌鸦却不想进去。我有 8 个月没见歌利亚了，它好像对我没什么兴趣，但它愿意落在我正上方的红槭上，那是它最喜欢落脚的地方，它有时候会在那里留下没吃完的松鼠。歌利亚执意想回到老巢，而白羽坚决不回去。最后，到了 4 月，这时候在这里筑巢已经很晚了，两口子"折衷"了一下，在附近一棵大松树的高处筑了巢。5 月 8 日，雌鸦开始孵蛋——这时候附近别的渡鸦的幼鸟毛都快长齐了。我在它们筑巢的树下方的树桩上放了两枚白壳鸡蛋,然后就听见它们大声吵嚷起来,后来它们好像扔下鸟巢消失了,我有两天没见到它们。鸡蛋是渡鸦最喜欢的小点心,但它们通常不会在树桩上看到鸡蛋。我不知道它们是怎么看待这两枚鸡蛋的,但显然这可疑的鸡蛋让它们不再回自己的巢了。

我攀爬到它们的鸟巢边,看到里面有四枚鸟蛋,上面盖着搭窝用的苔藓和鹿毛。两只渡鸦再也没回来。这很反常。我检查过很多有鸟蛋的渡鸦巢,即便我重复检查多次,即便我给它们放上不管是天然颜色还是涂成鲜红色或鲜绿色的鸡蛋,即便我放上手电筒电池、马铃薯或石块,也没发现任何渡鸦弃巢的情况,它们对来物都照单全收,照孵不误。我不知道为什么这对(与我)生疏的渡鸦在我慷慨赠与之后立即离开了巢穴,即便是野生的渡鸦伴侣都不会这么做。以前,歌利亚把我当作长期饭票,而自从我突然断了它的粮之后,它就攻击我的房子,然后离我而去。渡鸦不会忘事,现在的我好像比小偷还要糟糕。我突然给了它

一对普通渡鸦(*Corvus corax*)伴侣的肖像,它们正在互相整理羽毛。
渡鸦终生一夫一妻。

们梦寐以求的一顿美餐，它们可能以为这是个陷阱——我肯定没安好心。

我担心它们现在已经离开了自己的领地。它们虽然在那年没有再筑巢，但显然已经解决了"争议"（要么就是离婚了），因为它们（或者另一对）自从开始在同一棵松树上筑巢之后的几年里，总是在筑巢的季节初始就早早地在这里开工搭窝，又早早地完工了。

可能不止这一对乌鸦伴侣之间会出现意见分歧。我在佛蒙特州的家附近，有一对渡鸦 2009 年在一处矮悬崖上筑了巢，但它们的雏鸟刚长出羽毛没多久就被捕食者掳走了。第二年春天它们又在那里筑巢，但只盖了一半就放弃了，然后到附近的一棵松树上搭了个新巢。它们在那里成功养大了一只幼鸟。2011 年春天，它们在同一根树枝上的鸟巢盖到半路又不要了，然后回到那个矮悬崖上重新搭了一个，之后它们在那里养大了幼鸟。

2010 年 11 月某一天的拂晓时分，我听到渡鸦两口子在它们栖息（筑巢）的地方（也就是我在缅因州的小木屋附近的松树林里）叫着，它们一年到头都这样叫。我总分不清谁在说什么，不过它们通常只有那几种叫声，"讨论"几分钟之后，它们会张开翅膀，要么一起飞走，要么各飞各道，到晚上又会飞回来。我从不知道它们去了哪里，但我白天到附近的树林里转悠时，总能听到渡鸦的叫声，有时候是一只渡鸦飞过去，有时候是一对。我认不出它们，但肯定有一只是歌利亚或白羽。（歌利亚以前戴的塑料环现在肯定已经磨坏掉落了。白羽翅膀上的标签是用一个金属铆钉固定住的，冰冷的金属让附近重新长出了白色的羽毛，标签掉落之后，这些羽毛再经过脱毛换毛，可能又变回了原来的颜色）。

今天，查理（Charlie）和我想给它们留点东西——如果我们能猎到鹿的话，就留下鹿的内脏。两年前，每当我们打猎成功，就会在小木屋半公里外的地方给它们放一堆内脏,之后不到一小时就会飞来许多渡鸦。今天早上 7 点,我带着来福枪坐在云杉树高处,我听到渡鸦有力地拍击翅膀的声音,嗖嗖,嗖嗖,嗖嗖。我所知道的鸟类里面,只有渡鸦能发出这么有劲儿的声音。这只鸟直接朝我飞过来,没有认出我的意思。它飞过来,停在附近。接下来的半小时里,它不停地用各种不同节奏、音高和语调嘎嘎咕咕地叫着。这只渡鸦的"歌声"带着铃声般欢快的声音,高音调的咯咯声里还带着颤音,这种声音我在留给它们诱人的尸体(比如鹿)的时候听到过。我不知道它开不开心,不过肯定是不低落——它可能在期待一顿大餐。我在想这只渡鸦是不是看见了一头鹿或驼鹿,并且因为猎人(我们)的存在而联想到了食物。如果这样的话,那么它这种快乐的表现可能是一种自我实现的预言,因为附近的猎人知道渡鸦看见鹿或别的可能成为食物的东西就会开心地发出这样的声音。

渡鸦的歌声持续了 20 分钟后,查理也照计划和我会合。

"你听到渡鸦叫了吗?"我问他。

"当然听到了。我直接过去了,我也发现了鹿的新鲜踪迹。"半小时后我们猎到了鹿。

渡鸦的叫声好像不是"为了"实现目标而有意为之的。我知道画眉、莺和雀表达快乐和活力的歌声,也"知道"这些叫声的作用是"为了"吸引配偶,"为了"宣示领地,还有"为了"驱赶敌人。不幸的是,这些知识让我给鸟儿的叫声冠上了不同的作用,所以在我的意识里对这些动物有种机械的认识。但对于渡鸦,这样去理解可能不一定客观。

我听到的像是一段即兴的爵士乐演奏,但不仅仅用一种乐器。听起来像是很多种声音混合成的旋律。渡鸦好像很快活。除了冬日里的鹪鹩以外,我再也想不出比这更欢快的叫声了。但鹪鹩如果是开心地唱歌,它们只会在筑巢前一段很短的春日里这么开心。而渡鸦则一年里任何时间都可能这么叫,虽然很少见。它们在玩。

玩是渡鸦所具有的特征。玩是"纯粹的"快乐的表现。它这么做不需要得到奖励。渡鸦在飞的时候也会玩起来。一年里的任何时间,你都可能看见一只渡鸦稳稳地呈直线飞着,就像朝着某个目的地飞去似的——我觉得它们是的。如果被一声咕咕叫或其他召唤的声音吸引,渡鸦可能会突然把一只翅膀折起来,像一枚黑色的炸弹一样螺旋下坠,过几秒才张开翅膀接住自己,然后一跃而上,飞回去继续之前的直线飞行。这看起来像纯粹为了自己取乐。而且这种行为通常并没有渡鸦观众欣赏。

我不知道渡鸦的"精神"是什么。但如果让我选择定义这种鸟类的特征的话,我会选择用与流行文化中的描述相反的方式来定义它们:与爱伦·坡所描述的"恐怖"和"阴冷"相去甚远,渡鸦是地球上最快乐的鸟类,尤其是即将开始盛宴的时候,更难得的是,它们执行天葬时也是最开心的。如果可以选择,来生我愿化作一只渡鸦。

渡鸦可能是,或至少曾经是北半球最重要的尸体消费者。它们是鸦科中首屈一指的尸体专家(冬天的喜鹊可能排第二),虽然它们要等哺乳动物用利齿撕开尸体才能吃到肉。通常,熬不过冬天的动物首先引来的是哺乳动物,随后才是渡鸦。我和我带的博士后马兹洛夫(John Marzluff)在缅因州的森林里实地考察时,发现渡鸦不仅处理驼鹿和鹿,还处理了两百多个牛的死胎,无数的山羊、绵羊、牛、马,还有从浣熊到豪猪等被车撞死的动物。

除了尸体周围,或渡鸦为了第二天继续吃肉而夜间在尸体附近集体栖息的地方以外,我们很少能看见大量的渡鸦。即使确实一次看见了很多只,它们的数量也通常不超过 50 只。但是,我们给 400 多只渡鸦的翅膀做了标记,以便区分出哪只是哪只之后,依然看见尸体上不停地出现新渡鸦。

渡鸦与驼鹿尸体的开膛手一起吃肉。

冬天,地面结了冰,变得像石头一样坚硬,昆虫清道夫们不再活跃了,这时冬天出没的温血动物接替了它们的工作,主要有丛林狼、猫科动物、狐狸和渡鸦。冰冻的肉可以保持新鲜,所以未来几个月里都可以作为被觊觎的资源,保鲜的时间越长,可能引来的鸟就越多。有一次,我弄了两头剥了皮的大个头荷斯坦奶牛,每头约有 1 吨重。我想看看这样的分量能不能满足渡鸦的胃口,会不会超出它们所能吃光的尸体的极限。通过辨认渡鸦翅标的编号和颜色,还有它们其中来吃肉的渡鸦的数量,我计算了一下来吃肉的渡鸦的总数:将近 500 只。两周内,渡鸦们卸走了两头奶牛身上所有的肉。但这不代表它们把肉全都吃掉了——它们根本就没吃。

渡鸦们努力赶在尸体快速腐败前,带走尽可能多的肉,留着以后吃。它们叼着一口肉飞走,落在雪地或地面上,把肉放下,用嘴挖出小洞。然后把肉放进洞里，用雪或附近的碎石把洞口盖住，之后又快速飞回去，再叼一口肉，换个地方藏起来。

这项工作一般是冬天做的，尸体经常冻得像石头一样硬，所以撕下一块肉需要花费更多时间和力气。气温在零下的时候，一块肉能供应的能量和撕掉肉需要消耗的能量差不多，所以这些鸟儿们就会注意看同类藏肉的地方，然后想办法偷走。为了对付这种招数，储藏食物的鸟儿会尽量飞得远一些，飞到小偷看不见的地方。在缅因州的冬天，动物尸体旁边会聚集一群鸟，它们一个个地飞往四面八方，去藏匿食物。如果尸体没有被一对渡鸦占领和使用，鸟儿们每藏一块肉都会飞上一千米甚至更远。每只鸟都会叼走很多肉，一块接着一块。它们必须这么做，因为很多哺乳动物防也防不住：它们会循着气味而来。我猜那些因为尸体沾上了人类气味而不敢上前的犬科动物，比如丛林狼，会依赖渡鸦藏匿的食物，它们可能通过某种等价交换来获得这些食物的优先享用权。

我在佛蒙特州盖了个离地面 3 米高的台子，用来喂渡鸦。我把路上死的和厨房剩下的残余都放在那上面，现在一对当地的渡鸦"占有"了这个台子。我想，我家那条名叫雨果（Hugo）的黄色寻回犬以为渡鸦是它的食物提供者，因为它常常在窗子里一看见渡鸦回来，就跑到"渡鸦食堂"下面等着。有时候它能捡到渡鸦们掉下来的几口吃的。有时候也会抢走渡鸦埋在附近的食物。

我不知道渡鸦埋藏的肉有多少被它们自己或其他动物找到了，但我猜那肯定有很多。肉会散发气味，即便雨果没看见渡鸦把肉藏在哪里，好像也可以轻而易举地找到地方。

冬天里，渡鸦吃尸体的时候，在方圆几公里内很快就能找到四散的尸肉。这些肉大部分被丛林狼、鼬、鹿鼠、红背田鼠、飞鼠、红松鼠、渔貂，还有北美短尾鼩鼱（Blarina）和鼩鼱（Sorex）偷走了。所以渡鸦在冬天享用的尸体都会进入循环,不仅仅进到渡鸦嘴里,大部分在冰天雪地里需要肉来生存的哺乳动物群体也能分一杯羹。

本书即将在2011年11月出版的时候,一只右边翅膀长着一根白色羽毛的渡鸦出现在我小木屋附近的空地上。于是白羽的故事又多了一笔,尤其是因为同一段时间里,我看到了渡鸦的很多特别反常的行为。11月9日,大约早上5:30的时候,"我的"那对渡鸦在它们常常栖息的小木屋旁的松树林里兴奋地叫着,把我从熟睡中吵醒了。我大清早摸黑走出门,这对渡鸦飞起来,开始在空地上方盘旋。还有一只渡鸦在松树林里不停地叫着,之后和这对渡鸦一起飞上天空,又很快回到树上去了。天上的这对渡鸦不停地交谈着,用鼻音发出或长或短的鸣叫,还有呱呱、咯咯、咕咕的叫声和啪嗒声(雌性渡鸦求偶的叫声)。随着鸟儿们在天上飞到1.5千米以外的高度,我听见的叫声也越来越低。而第三只渡鸦依然在树上蹲着,偶尔大叫几声。

天大亮之时,小两口依然在欢呼着。我几乎看不见它们了,只见两个小黑点在云端跳着舞。我像是被定住了一样站在原地,继续记录着这段"不可思议的渡鸦经历——我惊奇得几乎喘不过气来——我从来没有过这样的体验"。

它们在空中舞动着,在这期间它们的距离一直没超过1米。过了至少1小时,它们像漆黑的闪电一样划破云层。它们压着翅膀,几乎笔直地冲向地面,然后又飞起来,优雅地螺旋上升,之后再一次像石块一样落下。这就是一场结合了声音和动作的芭蕾。

在中午和下午4:20天快要黑的时候,我又看见它们跳起了舞。天黑后,它们回到了松树林里的栖息处,但这次,我听到了断断续续的攻击性的叫声,同时伴随着劲头十足的追逐,两只渡鸦直接飞上了树顶。而另一只渡鸦好像在被动地跟随着它们。

第二天早上5:30,繁星依然闪耀着,我再一次被渡鸦们吵醒,从床上跳了起来。它们又开始了空中表演。附近树林里的第三只渡鸦不时发出宣告领地的长而起伏的叫声,我一直以来都觉得这是拥有这座山的渡鸦们独有的叫声。渡鸦夫妇在空中呆了 45 分钟之后才回到地上。之后再次和第三只渡鸦互动起来,不过因为它们已经飞进了树林,所以我不知道究竟发生了什么。我一直没法靠太近——或在它们上方——去确定其中一只是白羽,但我猜应该有它。

因为认不出哪只是哪只,也不能在它们的大片领地里跟着它们,所以我说不好后面发生了什么。唯一能确定的是:只靠猜测,我可能会理解错误。

1998 年 1 月,我猜是白羽和歌利亚一起回到了以前筑巢的地方——鸟舍。现在我又觉得它们当时可能已经离婚了,不想进鸟舍的新娘子其实不是白羽,白羽说不定又回到了它的旧领地。也许 13 年后的今天,白羽因为各种原因又回来了。也许歌利亚现在正试着和它重修旧好,于是新欢旧爱打成一团,为争夺伴侣和领地而战。根据我们所掌握的情况,它们会有很多种可能性,这里面可能有很多故事。

秃鹫群

　　我和秃鹫的第一次难忘的邂逅发生在我 21 岁那年,在东非的坦噶尼喀(今坦桑尼亚)。当时我正在达累斯萨拉姆边缘的"丛林"探险。以下是我写的这次经历编辑后的版本:

　　1961 年 10 月 24 日。这里的非洲人养着大群的多色驼背奶牛。晚上,牧人把奶牛关在荆棘丛和灌木围成的畜栏里,白天慢悠悠地在乡间放牛。这些奶牛看上去个个皮包骨头,我想只有害昏睡病或别的什么病倒下的牛才会被屠宰。这天早上,我看见一具刚剥了皮的牛尸体,上面大部分肉已经被割掉了。尸体在一条狭窄的溪谷深处,从远处根本看不见。我路过的时候天刚擦亮,所以它还没有被动物碰过。过了一小时左右,我回到这个地方,坐下观察,在这里听了一个半小时的动静。最开始,只有几只秃鹫蹲在周围的树上。有几只朝尸体靠近了一点,它们刚离开,位置就马上被别的秃鹫占领了,后来者直接重重落在树枝上,身子摇摇晃晃的。之后有一两只秃鹫落在了尸体上。然后,好像是得到了什么信号似的,秃鹫们突然从四面八方扑过来,现在它们根本不浪费时间蹲在树上了,而是直接朝着溪谷而来,翅膀一动不动地从我坐的位置旁边俯冲直下。风从翅膀的羽毛之间穿过,发出噗噗和嗡嗡声,如同飓风中的旗帜在作响。随着越来越多的秃鹫扑下,更多的秃鹫也随之而来。我远远地看见像小黑点一样的秃鹫赶过来,它们可能根本看不见我下面的深沟里发生了什么。它们抵达的速度快得惊人,然后四散开来,在天上盘旋一两圈,之后伸直腿冲向地面。只用了半小时,尸体上就引来了约150只秃鹫。大部分秃鹫踩在其他秃鹫身上,从外围争斗着,想要挤进去。除了猛烈的扑打声以外,周遭一片寂静。偶尔在这一堆乱糟糟的秃鹫外面,有两只秃鹫伸长光秃秃的脖子,张开翅膀,面对面呱呱叫或尖叫一两声。过了一会儿,有的秃鹫费力地拍着翅膀飞到附近的树上。有的翅膀一动不动地盘旋着飞上高空。还有大群不知道从哪儿冒出来的秃鹫蜂拥而至,一开始是天上几乎看不见的小黑点,最后铺天盖地地落下来。

有的地方依然存在这种景象。野生动植物学家埃斯蒂斯(Richard Estes)告诉我,他2011年1月在纳米比亚狩猎旅行时,曾见到100来只秃鹫围着一具刚死的长颈鹿尸体。过了一个小时,他又回去的时候,尸体仍然完好无损,但周围已经出现了接近300只秃鹫,显然是在等着狮子或豺狗帮它们开膛。几乎同一时间,一位在塞内加尔达喀尔市(西非大西洋沿岸)旅游的游客对我说,他看见"大群"秃鹫在城市上空飞着,"在路两边跳着"。在非洲,取代渡鸦清道夫地位的是非洲白颈鸦,数量同样如此众多。很多马和山羊,还有猫猫狗狗,都在城镇里到处游荡。不难想象在秃鹫生活的地方,山羊、马或者奶牛死去或被屠宰时的情景:可能用不了几小时就连一块碎片都不剩了。

处理尸体自然是一项古老的传承。虽然"殡葬师"过去(现在也一样）和"刽子手"经常没什么差别，但它们一直以来都是生命延续的关键环节。没有了它们，生命将戛然而止。几百万年来，食草动物、食肉动物及其帮手食腐动物的个头都随着进化而变大了。食草动物越长越大，食用它们尸体的动物也一样能够变大。对会行走的动物来说，一只动物死了，就变成了一份高度浓缩的食物。尸体越大，为享用尸体的动物提供的食物就越多。相应地，一个地方短时间出现大量的食物，可以让更大的食腐者受益，因为这可以让它们顺利地从这一顿过渡到下一顿。

想想看生活在1亿4500万年前到6500万年前的白垩纪时期的雷龙，它们是地球上曾经存在过的最大的陆地生物。这种重达38吨（相当于8—10只非洲象）的庞然大物经常被遗弃在陆地上，这样的巨大肉块自然会被吃掉。猎物身上的肉越多，就越值得守卫，而防御性强的动物自然也是有着得天独厚的大块头。霸王龙，体重可达9吨，这种个头自然不适合奔跑追逐和敏捷地移动。但它们长长的尖牙很适合撕扯猎物，所以它们很可能是第一批食腐者。除了逮住机会就吃已经死了的动物以外，它们可能也会杀死一些衰老、虚弱和受伤的动物。但霸王龙不可能把像虚幻龙这么大的动物吃得干干净净，它还是会留一些残骸给更多后来的食腐者们。另外，一个植物群落只能支撑一定数量的生物，根据此原理，特别大的动物尸体数量不会很多，潜在食物之间的遥远距离可能不仅促进了陆地食腐动物大型化，还促进了一些大型飞行食腐动物的进化。

白垩纪的食草动物之巨大可能也解释了为什么现在已知的最大飞行生物——翼龙，也生活在同一时代。其中最大的风神翼龙（*Quetzalcoatlus*）和哈特兹哥翼龙（*Hatzegopteryx*），翼展至少10米，甚至可以达到12米［当今世界最大的秃鹫，安第斯兀鹫（*Vultur gryphus*），翼展为3米］。它们的个头之大，可能大大降低了灵活移动和狩猎的能力，但在争夺尸体方面很有优势，在不常见的食物出现以后也可以快速赶过去，靠吃这些食物生存下来。我们可以推断,这些翼龙是主要的动物尸体清理者,在食肉恐龙撕开它们的猎物——大型食草动物的皮,也可能把大部分容易到手的肉拖走以后,翼龙会乘虚而入,享用这具大型尸体。翼龙可能就是一种超大型秃鹫。

这些专以长远距离之外的大型尸体为食的巨型食腐者需要找到大型的尸体,而在白垩纪末期,一颗小行星撞击地球导致的气候变化彻底摧毁了它们的食物基地,因此它们灭绝了。一些相对来说不太活跃的小型爬行动物,例如蛇、龟和鳄,即使几个月甚至一年多不吃东西也能生存,因此存活了下来。但因为某些神秘的原因,很多存活下来的小型恐龙进化成了现在被我们称为鸟的动物。其中最大的一些,在前文中提到的它们的远古祖先和生态竞争对手的选择压力下,变成了今天的秃鹫,进化成了处理大型尸体的食腐者。

在白垩纪的小行星撞击中幸存下来的动物中有第一批哺乳动物的身影,那时候它们又小又不起眼。在接下来的数百万年里,其中一些——和以前一样,特别是食草动物——进化出了庞大的身型,从而占据了巨型恐龙曾经的生态位。到了晚中新世(哺乳动物时代),约800万—600万年前,地球上生活着大量巨型哺乳动物群,其中一些和我们现在的动物群非常相似。猛犸象、乳齿象、巨型海狸、雕齿兽、大地懒和其他巨型动物几乎一直活到上一个冰川期末。人类一度和这些动物一起生活。从某种意义上来说,历史舞台上的爬行动物大部分被哺乳动物所取代,而巨大的翼龙也多被大型鸟类取代。人们发现的最大的鸟类,阿根廷巨鹰(*Argentavis magnificens*),俗称畸鸟,就生活在这个时代。它们的翼展有6—8米,重约60—120千克。和它们比起来,安第斯兀鹫就是侏儒了。我们有理由猜测,畸鸟之类的大型飞鸟拥有安第斯兀鹫或秃鹫的习性,它们长着大而细长的钩状鸟嘴,这种形状用来撕咬被古狼或巨大的剑齿虎杀死或开膛的猎物尸体上的肉是再好不过的了。

有的畸鸟到更新世还依然存在,它们和渡鸦一样,可能都是早期人类很熟悉的。人们在有着一万年历史的洛杉矶拉布雷亚沥青坑发现了距今比较近的一个物种,泰乐通鸟(*Teratornis merriami*),除此以外还有古狼、剑齿虎、乳齿象和大地懒——这些动物现在都已经灭绝了。这只畸鸟翼展 4 米,重约 15 千克,而一只加州兀鹫只重约 10 千克。它可能和古印第安人生活在同一时期,例如捕食北美大型动物群的克洛维斯人。大型动物灭绝后,畸鸟也消失了,同样,另一种最大的鸟类食腐者,巨型秃鹫(*Aiolornis incredibilis*,旧称 *Teratornis incredibilis*),也灭绝了。这种鸟类最初只在美国内华达州的史密斯溪洞穴发现过一次,翼展可能有五六米。现在的秃鹫通常要飞上 100 多千米去觅食,而这种畸鸟飞的距离肯定要远得多。

除此之外,还有很多其他常见的大型食腐鸟类。进化出秃鹫习性的还有南美洲的卡拉卡拉鹰(一种隼)和非洲的非洲秃鹳(*Leptoptilos crumeniferus*),它们和秃鹫一样长着光秃秃的头和脖子,这对解决或消除羽毛带来的卫生问题起到了很大的帮助。鹰在某种程度上也有着秃鹫的习性,如秃头鹰以死鱼等为食,这一点和几乎只吃腐肉的欧亚大陆鹰——胡兀鹫(*Gypaetus barbatus*)很像。

秃鹫至少进化了两次,也有争议说进化了很多次。现在"真正"的秃鹫分为 7 个新大陆物种和 15 个旧大陆物种。其中亚洲、欧洲和非洲的秃鹫属于鹰科(*Accipitridae*),被认为是隼和鹰的近亲。它们中有一些长着光秃秃的头,比如兀鹫(*Gyps fulvus*)。而胡兀鹫,虽然头上长满了羽毛,吃的也大多是动物尸体,但它们更喜欢新鲜的肉,而且擅长吃骨髓,它们会把大块骨头从高处抛到石头上摔碎。南北美洲的属于美洲兀鹫科(*Cathartidae*)的鸟儿,很多外表与专吃腐肉的秃着头的秃鹫很像。这两个类群的相似性源自趋同进化,都是为了适应相同的摄食习性进化而来。美洲兀鹫科可能起源于类似鹳的鸟,但这种起源依然在争论中。

无论秃鹫如何分类，它们都是专吃大型动物腐肉的食腐者。很多更喜欢新鲜的肉，还有一些，比如黑美洲兀鹫（Coragyps atratus），像渡鸦一样，会主动捕捉活的猎物。在吃腐肉方面，很少有别的食腐者（例如野猪、狗和鹰）能和它们相竞争，因为它们能够代谢（消除）细菌的生物毒素。这种在温暖的地方食腐肉的习性似乎对秃鹫非常有利，可能一部分原因是吃腐肉让它们变得很难闻，所以很少有动物愿意吃它们。实际上，秃鹫会把没消化完的食物呕吐出来作为防御武器，如果这种办法不奏效，有的还会"装死"，当它们羽毛上粘了很多土而且刚吃完腐肉闻起来像是坏死了一样的时候，这种策略最为有效。

秃鹫非常合群，经常在人群聚居的地方歇脚，有时候会在这里筑巢。这种习惯让它们能够和人类结交，有人说它们很适合做宠物。我有一个朋友和一只安第斯兀鹫关系甚好（反过来也一样），他开车载着这位伙伴旅行，有时候也让它自由地翱翔；展示一下这只鸟儿的惊人尺寸和美貌。汽车成了它的洞穴，只要能吃够新鲜的肉，它就会回到车里，心满意足地在里面休息。

秃鹫主要生活在气候比较温暖的地方。如果有几个不同的物种共存，比如在非洲，这些不同种类的秃鹫就会组成"秃鹫协会"，共同进食尸体，每个种类各有专攻，所以通常彼此依赖。例如在美洲地区，红头美洲鹫通常是第一批赶到隐藏的尸体位置的鸟儿，它可以通过气味找到尸体。而其他秃鹫嗅觉不够灵敏，要跟随红头美洲鹫寻找尸体。但红头美洲鹫相对较小，不能靠自己撕碎大型的尸体。这时候更大的秃鹫，例如安第斯兀鹫，可以帮它们撕开尸体，红头美洲鹫需要付出的代价是必须让大型的秃鹫先吃。

秃鹫不需要追逐和捕捉猎物，所以动作和代谢都比较缓慢。它们在天空翱翔寻找食物，这个过程的代谢几乎和在树上蹲着不动差不多——这就等于它们在天空中栖息,不过飞翔需要温暖的上升气流。到了夜里,秃鹫体温下降,这样就能节省更多的能量。因为秃鹫个头较大,还有储存食物的嗉子,在食物较多的时候,可以大量吞进去存起来,它们可以几周甚至更长时间不进食。

秃鹫保守的生活方式在它们的进化史中也有所体现。它们需要很长的时间才能达到性成熟——较大的秃鹫种类需要 6 年时间。它们活得也长,如安第斯兀鹫至少能活 50 年,一只圈养的兀鹫活了 40 年。适应了低死亡率的秃鹫,其繁殖率也很低。比较大的秃鹫种类每两年才繁殖一次,一窝只养育一只幼雏,个头较小的种类可能养两只。

东非的塞伦盖蒂地区几乎是一个拥有完整冰川期动物群的生态系统,在人类眼中,这里是产生动物尸体最多,也是最需要处理的自然体系。那里生活着 6 种秃鹫。这些秃鹫每年能在塞伦盖蒂寻觅到 1200 万千克(相当于 20 万个人的质量)的软组织(肉),这里的所有尸体几乎都可以被它们找到,即使是藏在浓密的灌木丛里的尸体也逃不过它们的法眼。

在非洲,大型尸体的处理情况各有不同,但形式和我在 1995 年观察的成年长颈鹿(*Giraffa camelopardalis*,它们是地球上最大的反刍动物,也是最高的陆生动物)尸体的部分处理顺序很像,我在下文中会细说。雄性长颈鹿可能高 6 米,质量超过 2 吨。如果这种动物死去,就会为食腐者提供大量的肉。

我观察了长颈鹿生前在南非克鲁格国家公园金合欢树丛里的生活。我发现它躺在半荒漠的金合欢树林里的一条沙路上,距离我不到 100 米,它很可能死了只有一天的时间。当时已经临近中午,很多好戏都已经结束了,所以我在这里记录下来的大部分依靠推断和假想。

我猜这头长颈鹿可能是老了或病了,因为狮子通常不会猎杀一头健康的长颈鹿，有几只狮子就在附近。这些体重 100—140 千克的猫科动物，在夜晚的饕餮盛宴上，每只可以吃掉重达 15 千克的肉。白天，因为炎热，它们就躺在金合欢树的树荫里。

狮子们可能是在夜里捕杀了这头长颈鹿，而它们的动静可能引来了鬣狗和胡狼。在美美地吃了一顿之后，狮子们受不了鬣狗没完没了的骚扰，离开了猎物，之后吃饱了的鬣狗同样因为厌烦胡狼而离去。

很快，早晨的太阳温暖了这片平原，气温开始升高，秃鹫们从群居的栖息地飞来了。它们盘旋着越飞越高，用犀利的双眼巡视着整片平原。首先发现尸体和四散在周围的狮子、鬣狗和胡狼的秃鹫停下飞行，开始滑行下降。在远处盘旋着的秃鹫们目光不仅仅盯着地面，还观察着天空的情况，它们发现第一批秃鹫开始下降后，也跟着飞下来。就这样一只接一只，远处的跟着稍近一些的，最后几百只秃鹫从四面八方蜂拥而至，也许是从方圆 100 多千米外的地方赶来。我到的时候，有的秃鹫已经吃完了。那些吃完的秃鹫就停在附近的树上，那些没吃的拍着翅膀飞了过去。

过了一天左右，尸体就所剩无几了。剩下的肉会被苍蝇产卵，大堆的蛆在上面蠕动。大型的食肉动物离开后，剩下的尸骸只残留着枯骨和皮毛，然后甲虫们飞来了，它们和幼虫一起把剩下的残渣清理干净。

同时，狮子、鬣狗和胡狼将长颈鹿的尸骸转化成了粪便，然后（我后面会继续研究）蜣螂会继续处理长颈鹿的这些最后的残余，包括长颈鹿活着的时候吃掉的东西。蜣螂把动物的粪便团成圆球，然后滚着粪球走很长的距离，再把粪球埋起来，留给幼虫食用。几场雨过后，泥土变得柔软，新鲜的青草长出，鲜花再次盛开。夜里，小蜣螂从土里爬出来飞走，它们轻盈地飞过草原，循着羚羊、大象、犀牛、鬣狗或狮子排泄物的气味而去，寻找下一顿美餐。在飞行的路上，很多蜣螂会夜间被蝙蝠吃掉，或白天被外表亮丽的鸟儿(翠鸟、卷尾、椋鸟和佛法僧)吃掉。一头长颈鹿死了，喂饱了十多只狮子、鬣狗和胡狼，还有大概几百只秃鹫。几千只蜣螂共享盛宴，草原上也能因此长出更多的草。

我们对更新世时期的北美自然系统中动物死后的去向知之甚少。但我们可以根据蛛丝马迹进行猜测，而且这里面还有推断的空间。1953年，著名的鸟类学家彼得森(Roger Tory Peterson，美国人)和费舍尔(James Fisher，英国人)一起开启了一段5万千米的"野性美洲"之旅，并共同为这段旅程写了一本书。彼得森在序言中写道，他们两个都"全身心地投入到对自然世界——真实世界的研究中"。他们的长途跋涉中，最精彩的故事是关于他们在加州的空旷地带看见的一只美洲兀鹫。彼得森写道：

> [这只兀鹫]就像一枚炸弹，它展平翅膀的姿势和红头美洲鹫滑翔机似的样子很不一样。它个头很大，漆黑的羽毛，白色的头，飞过上空的时候，翼下前端的白斑表明这是一只成年兀鹫。我们观察了5分钟，它的巨大翼展有3米，张开的飞羽形似手指。它拍打了几下翅膀，从容不迫，悠然自得，之后又乘着一股新的上升气流，向着东南方向飞去，直到变成一个小黑点，然后消失不见了。

最让人悲伤的是，现在看来，它们好像真的消失了。彼得森和费舍尔怀疑加州兀鹫这一物种能否存活下去，他们想试试投放尸体是否能帮助剩下的加州兀鹫生存，他们估计当时全世界大约还剩下60只加州兀鹫。随着圣迭戈动物园成功圈养安第斯兀鹫，人们已经在用人工孵化的办法为挽救这些鸟类做最后的努力。通常，在理想的野外条件下，安第斯兀鹫每两年才养育一只雏鸟。但在动物园里，一对安第斯兀鹫在同样的时间里可以养育四只雏鸟。只需要把它们的第一颗蛋拿到孵化器里去孵化,雌兀鹫就会马上再下一颗蛋。它可以自己保留这颗鸟蛋,养育雏鸟,但只能养到一半大。之后小兀鹫会被带走,人工养大,这时候雌兀鹫会再次下蛋孵化。像这样用同样的拿走鸟蛋和人工养育的方法,就又可以得到两只雏鸟。

彼得森建议对加州兀鹫也采取这种办法,不幸的是,这种方法没办法用在它们身上。虽然这个项目获得了美国加州渔猎委员会的批准,但抓不到成对的加州兀鹫用来圈养。批准到期后,项目就搁浅了。值得庆幸的是,在彼得森提出这个建议 34 年后,虽然仍然存在争议,人们还是又一次进行了"最后的尝试"。

在彼得森和费舍尔 1953 年的旅行并提出他们可怕的预测之后,过了 14 年,加州兀鹫就被列入联邦濒危物种名录。即使如此,它们的数量也还在持续地螺旋式下降,最终只剩下 22 只。所以在 1987 年的时候,政府作出了有争议性的决定,真真正正地最后努力一次,把这些野生的鸟儿全部抓起来圈养。这次的捕捉计划取得了成功,仅剩的最后一只野生加州兀鹫在 1987 年 4 月 19 日被捕获。

美国渔猎和野生加州兀鹫恢复计划的目标是"圈养繁殖并放归的兀鹫至少能建立两个繁殖群,每个群中至少有 15 对兀鹫"。兀鹫雌鸟与雄鸟长相相似,一生只有一个伴侣,双方轮流孵化一颗鸟蛋,孵化期为 56 天。6 个月后雏鸟长齐羽毛,然后可能还要靠父母养活半年。从 1992 年开始,一些圈养的兀鹫被放归野外,它们可能依然活着,和它们缓慢的繁殖率相符的是这些鸟能活 60 年之久。

这样一项有价值、重要,但有风险的圈养计划,不难预料会遇到很多困难。有 5 只被放归的鸟儿很快就因为碰了电线触电而死。于是,把它们放归"野外"前,相关组织开始了一项针对还未放归的兀鹫的训练:当它们落在训练用的电线上时,会被比较小的电流击中,用这样的办法让它们学会躲避电线。

目前一共有三个兀鹫放归地点,一个在加利福尼亚,一个在亚利桑那,还有一个在墨西哥的下加利福尼亚。到 2011 年,全世界加州兀鹫的总数量为 369 只。其中 191 只生活在野外(97 只在加利福尼亚,74 只在亚利桑那,还有 20 只在下加利福尼亚),其余的仍然在圈养中。世界上最大的秃鹫,安第斯兀鹫和欧亚胡兀鹫,已经被世界自然保护联盟(International Union for Conservation of Nature)列为"近危"物种。

北美秃鹫肖像:黑美洲兀鹫(左),红头美洲鹫(右上),加州兀鹫(右下)。注意黑美洲兀鹫和红头美洲鹫的飞行剪影。

史前时期,加州兀鹫生活的区域在美洲西部从加拿大延伸到墨西哥,东部则涵盖从佛罗里达至纽约的区域。人们在美国大峡谷的巢洞里发现了这种鸟的骨骼和蛋壳。但 10 000 年前,人类到了这里之后,随着猛犸象、大地懒、剑齿虎的灭绝,它们的数量也骤然减少。那时加州兀鹫的生活范围可能被限制在太平洋沿岸，靠捡食海水冲上来的大型海洋哺乳动物的尸体为生，探险家刘易斯（Lewis）和克拉克（Clark）曾亲眼目睹过这种情景。欧洲人涌入之后，这些鸟深受栖息地被毁、DDT 和铅中毒之害。令人难过的是，对一些秃鹫来说，"野外"再也不是宜居之地了。

· · · ·

我们正身处人类制造的动物灭绝大潮中，在这期间，食尸动物遭受的打击尤其严重。大型猫科动物、鬣狗、狼和秃鹫等大型食尸动物数量骤减甚至灭绝，其最大原因是人类大量捕杀成群的蹄类动物，而这些动物是它们的食物来源。除此以外，我们向来对大型食腐动物缺少尊重，在某种程度上，人类更倾向于杀死以动物尸体为食的食腐者，因为它们被当成了杀死动物的凶手。正如我在前面强调的，在某些物种中，捕食者和食腐者之间只有一线之隔。人类既讨厌捕食者，也讨厌食腐者，尤其是那些靠蓄养温顺无害的动物为生的牧人，因为蓄养动物如果生病了，很容易成为猎物。牧人不愿意看到动物死去之后被别的生命循环利用，如果不是人类亲手了结的，那些下手的动物就会被视为谋财害命的刽子手。牧人把捕食者和食腐者当成直接的竞争对手，认为它们理应得到报应。很多捕食者很容易被人类用绳子拴住的活的动物引来然后被杀死。而从远处赶来的食腐者会吃了人类故意投毒的尸体被毒死，这种方法一次可以杀掉很多食腐者。今天，药效更强的毒药被用来毒杀吃粮食的啮齿动物，但这样做会无意间杀死很多别的动物。我在后面还会讲到。

我之前说过，人类大规模地将大型野生动物从生态系统中抹杀掉，换成供人类食用的家畜，或是将它们的栖息地改成农业用地，这种行为是人类对食腐动物造成的最大干扰。还有其他因素造成了大型食腐动物的灭绝，包括畜牧业的开展、危险化学品的使用、尸体和肉类处理方法的应用,以及栽培技术的发展。这其中有一些行为很难改变,但有的可以通过打破文化禁忌而轻松解决。影响食腐者生存最严重的毁灭性活动可能是我们会有意将尸体处理掉,而在悠长的进化历史中,这些尸体向来都是回归泥土的。甚至是动物身上被当作"废物"和可以喂秃鹫的部分现在都被加工成了热狗之类的食物,唯有零星的油脂留给啄木鸟、鸫、山雀等鸟类,算是微小的让步。

牲畜的大部分肉循环进了人类的肚子,剩下的废弃部分加工成了宠物食品。因此我们和宠物正在代替秃鹫的工作。但有一些不适合人类食用的动物死了,我们也会理所当然地认为它们没有别的用处。即使是被车撞死的鹿和其他动物也会被公路部门从路上弄走,然后埋掉。如果我们把这个工作留给秃鹫,它们会比我们做得更好。

由于大型食腐者是一点一点减少的,所以几乎没有人注意到。而最近白背兀鹫(*Gyps bengalensis*)的状况,让人们注意到了这个令人不安的问题。这种鸟在人类聚居区附近的树上筑巢,过去在印度的城市里,每天清晨,天空中到处是它们的身影(气温升高,这些鸟儿可以在天上翱翔)。这种鸟以人类尸体为食,还会处理动物的尸体。据说这些常见的秃鹫常常成群结队地出现,只要20分钟就能处理完一头奶牛。这些"生态系统服务"也是城市服务,就像渡鸦在中世纪的欧洲城市(例如伦敦)的作用一样。

20世纪,东南亚地区野生蹄类动物数量大减,动物尸体变少了,因而白背兀鹫的数量也开始下降。但它们当时依然被描述为"可能是世界上数量最丰富的大型猛禽"。它们广泛分布于印度、巴基斯坦、尼泊尔、柬埔寨、缅甸、不丹、泰国、老挝、越南、阿富汗、伊朗、中国、马来西亚和孟加拉国。然后,到了20世纪90年代,白背兀鹫的数量骤降到不足10 000只。目前仅存的白背兀鹫分布在缅甸和柬埔寨,并且已经被列为"极危"物种。

白背兀鹫数量降低能引起人们的注意,是因为这种鸟一度很常见,人们都很熟悉。它们是吃了用消炎药双氯芬酸治疗过的牲畜的肉而数量骤减的,这种药会导致秃鹫肾衰竭。而且只需要少量服药后的奶牛就能对秃鹫群造成致命打击。今天通过建模可以推断,只要760具奶牛尸体中有一具含有这种药,就能造成我们所看到的这么多秃鹫的死亡。而且,自然没有人会觉得有必要去试验美国产的能治好奶牛疾病的药物会不会让伊朗、中国或印度的秃鹫生病。

虽然人们的注意力主要集中在这一种常见的秃鹫上,但这种全世界都在使用的药,同样造成了至少另外三种秃鹫种群数量的灾难性减少:长嘴兀鹫(*Gyps indicus*)、细嘴兀鹫(*Gyps tenuirostris*)和黑兀鹫(*Sarcogyps calvus*,俗称亚洲王鹫、红头鹫)。

白背兀鹫的欧洲同类——兀鹫,曾经广泛分布于欧洲的广大地区。这个物种毫无疑问也经历了同样的数量骤减——如果它们当时还有机会骤减的话。事实上,18世纪的时候,因为缺少尸体,兀鹫就已经从德国消失了。现在只有极少的兀鹫生活在隔离的聚居区,而且主要是通过圈养繁殖重新放归的,主要靠"秃鹫餐厅"生活,这里会给圈养长大放归的鸟儿们放上没有受污染的肉。

兀鹫和另外三种秃鹫曾经在以色列非常常见,它们在有几百人的聚居地筑巢。最近,因为人类使用的灭鼠剂硫酸铊,它们的数量急剧下降。

随着Havoc、Talon、Ratimus、Maki、Contrac和d-Con Mouse Prufe Ⅱ等"新一代"灭鼠药不断进入市场,鸟类受到的威胁从未止步。这些药品中含有抗凝血化合物,吃了这种药的啮齿动物不是立刻死去就是变得衰弱,从而成为各种动物轻易捕获的猎物。药物中的化学成分需要经过数月的时间才能从捕食者/食腐者的身体里完全排出。最近在加拿大西部一项检查中发现，70%的仓鸮身体中含有这些毒药成分，它们在那里属于"受威胁"物种，在加拿大东部，它们属于"濒危"物种。而这仅仅是冰山一角：要知道，啮齿类动物是全世界很多物种最喜爱的零食。

应该立法禁止使用生物灭杀剂。啮齿类动物繁殖的速度的确比人们所熟知的兔子的繁殖速度还快，这是在我给散养的小鸡放粮食的时候发现的。但控制啮齿类动物可以用别的办法。我曾经用一个垃圾桶做的陷阱一晚上抓了十来只老鼠，我用一根棍子就把它们全打死了。这种办法虽然慢些，但更能确保当地鸮和红隼数量增加。制约这些鸟类繁殖的一个主要因素是它们可筑巢的中空的树木变少了，因此只要在适当的地方给它们安上适合筑巢的盒子，就能在没有老树的地方给它们提供巨大的帮助。

新大陆秃鹫目前数量有多有少。红头美洲鹫和黑美洲兀鹫都还不错，两者实际分布范围大大向北扩展了，因为再往北一些，尸体也不会被冻住。黑美洲兀鹫的分布范围从阿根廷南部到拉丁美洲，但最近扩张到了墨西哥湾沿岸各州，还有西南地区的大部分区域。现在有数百只黑美洲兀鹫夜里在这些城镇栖息。红头美洲鹫一度是非常典型的南方鸟类，现在它们甚至能飞到加拿大繁育后代。我有几十年都没见过一只红头美洲鹫，而现在，每到夏天，我经常能在佛蒙特州和缅因州看见它们的身影。

曾经在辽阔原野上随处可见的野牛和驼鹿被消灭之后，渡鸦像其他美洲的食腐者一样，因为食物基地的毁灭，而经历了生存范围和数量的大规模减少。另外，在美国政府与狼和丛林狼等捕食者的战斗中，很多渡鸦被殃及，它们因为吃了有毒的尸体而死去。这些鸟儿被很多人视为过街老鼠，它们自动上了所有人的除害黑名单，所以被毒死了也无关紧要。但渡鸦有着秃鹫不具备的优势，它们中有一部分还坚持生活在更遥远的北方，那里仍然有着众多的大型动物，而且人烟稀少：北方成了渡鸦重生的新起点。很多诗歌都将渡鸦塑造成阴险邪恶的形象，但这只是旧时欧洲人的偏见，如今，这种鸟儿正在恢复名誉，成为可敬的公民，我们在地球上珍贵的朋友和亲密的邻居。渡鸦的困境令人难过，幸运的是，随着人们逐渐认识这种聪明的生物并赋予它们有感情、有活力和美好的标签，人们已经停止了那些愚蠢野蛮的行径。

按照惯例，如果发生了像谋杀这样的重大犯罪事件，人们会竭尽全力去抓捕犯罪分子。谋杀非常令人痛心，但和灭绝一个物种相比，实属小巫见大巫了。尤其是所灭绝的物种是涵盖数百万人的文化和生态网络的组成部分，它们几乎在全球范围内进行生态服务，让人类不仅能享受现世的生活，还能造福子孙后代。

没有人想做恶人，我们总能给自己的行为找到借口。如果一个人的死亡是无意或意料之外的原因导致的后果，这种情况会被归类为事故。但事故很少是随机发生的。有人酒后驾车或因为着急赶路闯了红灯，结果撞死了人，这可能是事故，但这种行为不能不受到指责。

我们都是造成动物灭绝的罪人，我们的生活标准、大规模工业生产，还有人口数量，都势必对自然造成累积性的恶性影响。

这些适用于人的结论同样适用于他们的产品。曾经，只要使用少量来源于自然的药剂就能满足我们的需求。如今，美国大约有84 000种化学制品用于商业用途，其中很多出口到了世界各地。我们甚至连其中20%是否有害或可能有害都不知道，因为这些制品（和疗效）属于"商业秘密"。

应该对秃鹫群数量暴跌负责的人里面，大多数是我们不认识的，但这不代表他们可以因此而逃避谴责。人们的罪孽轻重有所不同，但只要是犯了种族灭绝、生态灭绝或物种灭绝等令人发指的罪行,无论是无知还是个人辩解都不能脱罪。结果是最重要的,任何人工合成的化学制品——即不是作为自然系统中的成分存在的东西——在未证明其无害之前,都应该视为对整个生态系统有害。这不是危言耸听,而是生物学常识。依据常识,很显然,如果"市场"像没有方向盘或刹车的高科技汽车一样任意行驶,那么这样的"市场"非但不会解决问题,反而只会产生问题或让问题继续发展。

Ⅲ

◆

殡葬植物

植物本身并不能分解残骸，但它们是生物化学方面的专家。除了少数几种植物，例如捕蝇草（Venus flytraps），大部分植物都不需要进食，甚至连复合有机分子都不用摄取。它们利用水、阳光以及少量矿物质，从空气中的二氧化碳"提炼"出它们赖以生存的碳元素。然而，以动物世界的标准来看，它们用这些简单的生命之源制造的物质能够成为无比重要的营养成分。

植物是我们和土壤之间生态循环的媒介。只有考虑了植物界的循环，我们才能了解动物界的循环。植物是一种具有高度适应性的生物体，它们在和动物一样的机遇和限制下努力生存。它们和我们一样繁衍、生长，并且在自然选择的作用下，在脱氧核糖核酸（DNA）上留下了基因密码的烙印。在这一章，我将着重介绍树木世界的循环，这是因为它们是最常见的植物，而且也可能是循环过程中最核心的部分。

树木（和其他植物）的死亡在自然界极其普遍，因而很容易被当成理所应当的事情。我承认，过去我没怎么注意这个过程。许多动物都会伤害和弄死植物，植物在其存在的任何生态系统中最终都会死去。但这个过程没有动物界的那么激烈，动物几分钟就能杀死猎物并将其撕成碎片。树木的死亡过程既没有血花四溅，也不会尸臭四溢。树木经历数年虫害才会死亡，死后，在甲虫、真菌和细菌的作用下，它们悄无声息地缓慢分解进入土壤，这一循环为其他生命的存在提供了可能，其本身也是一种生存。这一过程大范围地存在着，而且多亏了植物残骸清道夫，树林才不会在短短几年间变成遮天蔽日、阻碍其他植物生长的死亡丛林。树木的自然分解过程在我的树林里并不多见，因为我们种植的树木一旦死掉，大多会被砍断拉走，用来做木材、纸或柴火。而在自然环境中，死去的树木就留在原地。

生命之树

　　和动物尸体一样，树木自然也是新鲜的时候更受"食客"们青睐。活着的树木有着坚固的防御铠甲，所以捕食者只有在树木最虚弱或奄奄一息时才能得手。内树皮是树身上营养价值最高的部分，也是最先受到攻击的部位，幸运的是它有坚实的外树皮保护。树木倒下后，其内树皮一般几个月就被吃光了，而让树木存活部分向上生长以接近阳光的结构能存留几十年。

　　树木大概是除了某种菌类（后面会提到）以外世界上体积最大的生物，有些树还是最高寿的生物。这足以证明它们有能力应对肆虐的害虫和凶残的捕食者而存活下来。以我们自身（也就是动物）的标准来看，有些树木好像能永生不死似的，所以简直不像是活物了。每个物种都有自己的最长寿命。有些树木，例如狐尾松、红杉和北美西部的水杉，能活上数千年。这些树种里面，有的在基督诞生的时代就已经是参天大树了，这的确会让人觉得它们获得了永生。大多数橡树可以存活数百年，在我的树林里，美国五针松、红云杉、雪松、糖槭最长可以活大约 200 年。不过，胶冷杉和水桦可能连 50 年都活不到，条纹槭也很少活过 20 年。这些"最长寿命"只是些例外，和具体某棵树的实际寿命并没有多大关系，大多数树都逃不过早夭的命运。

　　我们在森林里看见的树木仅仅是其中的一部分，它们是幸存下来或是刚刚死去的树木。一个健康的森林中会有许多横七竖八的死树（和种植园相反）。不过，大部分树在还是不起眼的小树苗时就重归于土了。在我的树林里，每平方米都有几十株树苗，但因为光线被遮挡或植株分布过密——结果都一样——大多树苗没长两片叶子就死了。人们常认为，树木的生死靠的不是遗传优势，而是选择扎根位置时的运气，它们扎根的位置，决定了在这场与同类争夺阳光和其他珍贵资源的生存竞赛中是胜是负。

　　对于成年之后的树木来说，虫害往往是它们死亡的开端。与动物世界的情况一样，"捕食者"和"殡葬员"（也就是食腐者）之间的区别并不明显。不过分解树木的生物种类倒是和分解老鼠、驼鹿、大象的一样复杂。和分解动物残骸的生物物种一样，树木分解过程中一些参与者已经进化到了能够在树木健康时就下手的程度，有的生物只有树木虚弱时才有机会趁虚而入，其余大多数生物要等到树木接近死亡或完全死亡才能下口，甚至要等树木死亡很久之后才能分得一杯羹。食腐者会加速残骸分解的后半程，并促使其发生转变。不同物种的食腐者会一个接一个侵蚀尸体，直到等待进食的队伍"用餐"结束，树木残骸归于泥土。

· · ·

　　一棵倒下的树从被侵蚀到进入循环的过程到底能有多快？为了建造在缅因州的小木屋，我一共砍了大约 60 棵胶冷杉、云杉和松树。在砍伐的过程中，不时有松天牛飞到树上产卵，甚至当我在锯树枝时也是如此。松天牛属于天牛科（Cerambycidae），因为长着一副长触角而常被称作长角天牛。一只雄天牛的触角长度大约是自己身体的两倍。触角是天牛的化学信号探测器，其长度对探测天牛特殊的产卵地点和寻找潜在配偶至关重要。这些长角天牛是寻找新鲜树木残骸的高手，所以我不得不把每根原木上的树皮都剥掉。否则,几百只天牛轮番上阵,这些木材就不能用了。

除了这些长角天牛以外,吉丁甲科(Buprestidae)和小蠹科(Scolytidae)昆虫也会在树皮表面和内部产卵。幼虫会钻进内树皮的形成层,接着进入边材。随着幼虫的侵袭,真菌也被带了进去。于是,树木便开始被啃食消化,这一过程和细菌加速动物残骸的腐烂如出一辙。松柏的味道我都能闻出来,松天牛就更不用说了,可我从来都没有在健康挺拔的松树上看见过松天牛。那么,它们是如何把家搬到我刚刚砍下的松树上的呢?

过去几年中我一直在研究渡鸦的觅食行为,所以把这桩事给忘了。后来在琢磨以腐植为食的生物时,这个问题又在我脑海中浮现了出来。当时我在修剪糖槭林,为树木腾出更多空间。这一次,我特意在树林里留下了一些白松的残骸,我后面也会讲到,让我惊讶的是,在之后的几个月里,其中一些残骸始终没有甲虫光顾。为什么有的松树有甲虫,有的就没有呢? 这些甲虫又是怎么被吸引来的呢?

在我看来,甲虫们能如此快速地赶来是一件不可思议的事情,虽然这些健康的松树被砍了,但就其内部组织来说它们还没有真正死亡。它们只是被判了死刑。来筑巢的甲虫肯定是看准了这些树即将——就在甲虫幼虫孵出来之后——脆弱不堪。另一方面,我知道吉丁科的甲虫会被相隔几百千米的森林大火所吸引,大概是为了能在将死树木的争夺战里拔得头筹吧。

这些甲虫大多不能像狩猎那样寻找和杀死树木,这是因为健康的树木有自我保护机制。在这方面最著名的要数针叶树,它们的防御手段是分泌黏稠的松脂,这和一些动物,例如臭虫和臭鼬的防卫方式大同小异。这些防卫机制是自古以来树木与甲虫之间军备竞赛的产物,这种竞争也促使不同种类的甲虫之间展开了激烈的对抗。甲虫们必须各有所长。它们必须时刻紧盯孤立无援或已经死亡的树木,不过一些特别的种类除外,它们是食腐者。

我决定仔细记录对被砍下的松树的观察结果。2011 年 5 月 11 日,我在我的小屋旁的一处空地里留下了一些树桩。当时天气温和,温度大约 16℃。我每时每刻都在期待甲虫们的到来,就这么等啊等,一个多月过去了,我还是没有在木桩上见到松天牛(松树上最常见的长角天牛)。我怀疑它们是不是消失了。很快我就意识到这个想法错得有多么离谱。

7 月 23 日,这天夜里炎热不堪,一只大虫子爬到我赤裸的后背上,把我吓醒了。我从床上跳起来,抓住了当年看见的第一只松天牛。第二天夜里,我被另一只松天牛搅了清梦。第三天早上,我在屋里的窗户上也看见了一只,当我坐着的时候,又一只天牛爬进了我的裤腿。我早就把小屋的门关了,纱窗也封了,苍蝇和蚊子都进不来,32 毫米长、8 毫米宽的松天牛自然也飞不进来。这样的话,这些天牛应该是来自屋内。

这时我突然想起之前一直用来当椅子的那个半米见方的松木块。这块木材是前一年我从一棵被春雷击倒的松树上锯下来的,并且把树皮剥了。现在,经过检查,我在木块一侧发现了几个直径大约 8 毫米的圆形大洞。我一共找到了 9 个这样的洞,但我确定之前的几周里这些洞还都不存在。我刚刚抓住的几只天牛非常有可能就是从这些洞里出来的。我把这块木头锯成曲奇饼干那么大,发现这块木材的中心已经被打通。木块深处遍布着成熟的长角天牛幼虫、蛹和成年天牛。成虫几乎把隧道打通到了木块表面,只要再蛀一厘米就能看见光明了。很显然,这一纬度地区的松天牛在去年夏天开始发育,今年 7 月下旬发育完成。这也解释了为什么在过去两个月的春夏之交,我没能在刚砍下的松树上看到这些天牛。

　　如我所料,从7月下旬开始到9月中,我在春天砍下的松木开始出现蛀虫。8月初,我听见幼虫们"锯"食木材的声音。这是一种类似于摩擦的声音,其频率随温度变化而不同,天气热的时候频率较高。不论昼夜,我都能听到这个声音。幼虫们啃食并穿透树皮,进入木材深处,"锯"食的结果是一些长度在1—5毫米的木纤维或碎木片在虫洞下方堆积成圆锥形,也就是俗称的"蛀屑"。有时,这些蛀屑会从虫洞里涌出,看上去就像木块里面泄露了内部组织似的。蛀屑不可能是通过天牛的肠道排出的:我检查了成虫和幼虫的肠道,里面都没有这种物质。成虫的肠道内空无一物,7月末,成虫即将离开之前,它们打的树洞里也只有一些细小的类似锯木屑的粉状物。幼虫肠道内有一些光滑的乳状黏性物质。显然,蛀屑是幼虫啃食树木的产物,幼虫也可能只吃掉了其中一部分,就像我们吃坚果时把壳扔了一样。

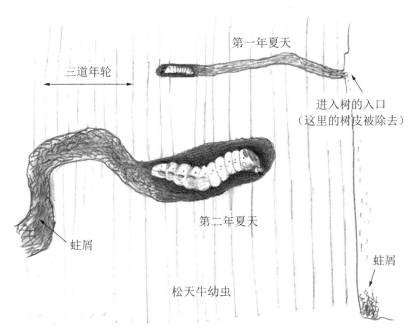

这张木材横截图显示松天牛幼虫在它出生的第一年夏天进入木材(上图),第二年夏天扩大了洞穴(下图)。

一个月后,也就是9月初的时候,我用链锯锯开了一些松树树干,查看蛀虫们在里面的成长足迹。8月初,成虫在仲夏时节产下的卵孵化出的第一只幼虫已经开始在内树皮和液材的交界处啃食出了一些蛀洞。不过,现在树皮下已经看不到幼虫了,它们全部钻进了木头深处。我在冬天常常看到的幼虫将在第二年春天化蛹,在七八月蜕蛹变成松天牛钻出树洞。至于为什么这些天牛能在这么短的时间内入侵被砍的松树,我依然没有答案,但我知道了它们为什么(通常)要等到夏末才出现。

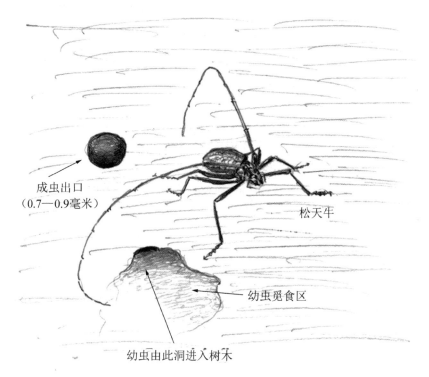

钻出树洞的成年松天牛,就停在它钻的洞的出口处。作为参考,下图给出了前一年夏天幼虫在树皮下完成进食、进入树木时蛀的洞。

气温大概是影响甲虫出没的主要因素。我在某一年的2月1日意外发现甲虫即使在隆冬也会出没。当时室外温度不超过-17℃,我打开取暖设备,小屋里的温度从平时的−1—10℃升高到了温暖的24℃。没过几小时,许多甲虫从我楼上的一个窗户飞了过来。一天时间里,我活捉了353只!它们全都是树皮甲虫,一种肉眼看来如同小黑点那么大的昆虫。这种甲虫长不超过2毫米,宽不超过0.4毫米。它们全都来自秋天的时候我用来做桌腿的那根枯死的白桦树木,因为我没有削掉树皮。353只甲虫刚刚好填满一根平放的茶匙。

所有以蛀木为生的甲虫都会在背后留下挖穿木头的明显"轨迹"。而且每一个物种都会选择特定的树木。我去了我能想到的"最健康的"森林——威廉·欧·道格拉斯自然保护区,这里毗邻雷尼尔山,靠近太平洋沿岸,我沿着亚基马印第安人小道,在从未被砍伐过的高大雪松和花旗松下走着。我在这里看到了各种树龄的健康冷杉,还有不同程度枯死腐败的冷杉。我把一棵最近倒下的大树的树皮剥了下来,只见树皮下面几乎布满甲虫侵蚀痕迹构成的漂亮图案——甲虫挖进内树皮的每个蛀洞都会在树皮下留下一个图形。这些洞和缅因州的松树蛀虫打的洞相似。不过缅因州松树上的蛀虫是长角天牛,而花旗松树上的大部分洞是树皮甲虫(属小蠹科)的杰作。它们通常个体较小,不易被察觉,但潜在的破坏力极强。我在缅因树林里的许多垂死的树上都发现了这种小虫。

树皮甲虫和它们的幼虫在树皮下留下了类似纹身的漂亮图案。我的树林里最近倒下的一棵美洲白蜡树上,沿着树的纹理被啃食出了许多显眼的几近笔直的线条——如果树没倒的话这些线是水平的,每条线都有2—5厘米长。中央水平线内侧是许多较细的凹槽线,与其以直角相交,和树木纹理平行。像这样的垂直通道一共有40—60条,它们从中央水平线的两侧向外辐射,每一条都由不同的幼虫开凿。我从距白蜡树几步之遥的枯死胶冷杉上剥下一块树皮,发现另一种树皮甲虫正在这里作业。它们没有在树上啃食出中央水平线而是留下了一种类似蛇星(brittle star)*的图案。和白蜡树上的喂食通道一样，大量小凹槽从"蛇星"图案的每条"足"辐射开来。那么问题来了：这些"有艺术感"的奇怪喂食通道是怎么形成的呢？为什么不同物种会留下不同的痕迹呢？

　　长角天牛的喂食通道(短的出口通道除外)几乎都是幼虫所为，而小蠹科树皮甲虫的通道有很大一部分是成虫为幼虫打通的。喂食工程由雄甲虫独自开始，它会选一棵刚刚死去或不能有效防御的病树，在树皮上打洞。甲虫到达边材外部之后，会在树皮的入口处下方再开一个小洞。接下来，一只或多只(视品种而定)雌甲虫就会钻进这个"婚房"。交配之后，每只母甲虫都要以入口下方的这个交配室为中心，向外开辟出走廊或通道。上文提到的白蜡树的中央水平线实际上是两条打通的走廊。胶冷杉通常有4条走廊，但我看到了7条，每一条都是由雄甲虫"后宫"中的不同"妃子"开凿。雌甲虫会沿着走廊向左右两边依次间隔产卵，孵化出的幼虫们又会自己开凿出与走廊相垂直的小走廊。有多少条走廊就表示这只雌甲虫繁殖了多少条幼虫，而每一条侧走廊的长度反映了幼虫在最终化蛹前一共消耗了多少边材。大约一个月后(具体时间视温度而定)，刚刚成年的甲虫会顺着它们父亲留下的入口爬出去。由甲虫带入的真菌和细菌会加速树木的腐败。因此，甲虫具有家族特色的喂食通道模式并非艺术创作，而是甲虫社会行为、交配模式以及树木清道夫角色的一种记录。

　　我在观察家门口刚刚开始枯死的树木时发现，这些高度分工的甲虫清道夫们在某些方面会让人联想到以动物尸体为食的食腐者。我还

---

* 又名阳燧足，一种海洋无脊椎动物，海星的近亲，有5条细长的足。——译者

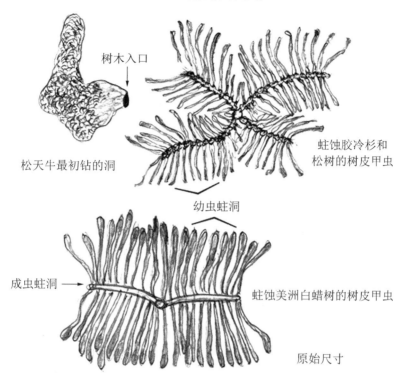

甲虫幼虫喂食通道

树木入口

蛀蚀胶冷杉和松树的树皮甲虫

松天牛最初钻的洞

幼虫蛀洞

成虫蛀洞

蛀蚀美洲白蜡树的树皮甲虫

原始尺寸

树皮甲虫在胶冷杉和松树（右上）的喂食通道，以及其他物种的甲虫在美洲
白蜡树（底部）中的喂食通道。中间的蛀洞是成虫钻的，呈辐射状的通道则
是幼虫的杰作。作为对比，左边给出了长角天牛幼虫在松树里最初的喂食
通道。

发现气温对树木的防御功能起到了重要作用。松天牛一年只繁殖一
代，它们的生长周期接近一年时间。非常小的甲虫成熟则要快得多，例
如树皮甲虫，如果天气足够温暖，夏季够长，它们可以在一年内繁殖
6 代。

　　全球变暖导致树皮甲虫每个季节的繁殖代数增多，这种由气候变
化引起的高繁殖率给阿拉斯加州、加拿大北部以及部分美国西部地区
的森林带来了灭顶之灾。温暖的季节变长，于是树皮甲虫能够大规模

侵蚀树木,击垮其防御系统,从而把越来越多原本对它们免疫的健康树木也攻克了。

被树木所吸引的不仅仅有甲虫,还有包括蜜蜂、蚂蚁和黄蜂在内的膜翅目(Hymenoptera)独栖类群昆虫。它们的幼虫也以蛀木为生。角尾树蜂,树蜂科(Siricidae)一种硕大的黄蜂,因雌蜂尾部末端挺直的产卵器鞘而得名。雌蜂准备在木头中产卵时,会把针状的产卵器从鞘壳中拔出,向下伸直,使它和鞘、自己的身体相垂直。然后,把中空的产卵器几乎整根插入坚硬的木头。如果觉得树内条件合适,雌虫会在其中产下一颗虫卵,随之一起进入的还有真菌,还有促进真菌生长、帮助幼虫消化木头的黏液状分泌物。和蛀木甲虫的幼虫一样,黄蜂的幼虫出生后也会啃食软化的木头,留下蛀洞。

幼虫因为身处坚硬的木头深处,相对来说不太容易受到捕食者和寄生虫的威胁。不过有一种马尾姬蜂属的蜂 *Megarhyssa ichneumon*,专门寄生在树蜂幼虫身上。这种姬蜂的雌虫产卵管长达 10 厘米,比它们的身体还长(和树蜂长 1 厘米的产卵器截然不同)。飞行时,它的产卵器就像一根长长的黑线一样拖曳在身后。这根"线"不仅仅是产卵器,还包括包裹在产卵器外的两根短一些的线,这形成了保护鞘。和树蜂产卵器不同,姬蜂的产卵器更有韧性,它们可以将产卵器插入坚硬的木头若干厘米处,将卵产在树蜂幼虫体内。

和树蜂不同,雌姬蜂无法靠蛮力使用它那如鞭子一般柔韧的产卵器。它要把产卵器从保护鞘里伸出来,在背后高高拱起,使产卵器的尖端挨着树皮,像耍杂技似的。它的产卵过程漫长而危险(产卵时母蜂完全扎在树上,不能快速抽身,有时候还会被卡在那里),因此,在不确定树蜂幼虫在树木深处的准确位置时,它是不会投入时间和精力来产卵的。至于它是如何锁定目标的,我们就不得而知了。

当这些以蛀木为生的甲虫和角尾树蜂离开一棵刚刚枯死的树,去完成它们的生命周期时,它们留下了一片适合多种其他昆虫生存的栖息地。甲虫和黄蜂幼虫在木头里留下的走廊会被许多其他的昆虫再利用。首先,是那些以真菌为食的甲虫,接着,专门以这些甲虫为食的捕食者也随之而来,例如细纹坚甲(*Colydium lineola*),这种甲虫就以第一批到达这里的殖民者为食。还有以树皮甲虫为食的郭公虫(Clerid),它们身上有五彩斑斓的红、橘、白、黑色花纹,厚实的脑袋上长着强壮的咬肌,用来咬碎它们的甲虫猎物。(作为对比,可以参考采食花粉的甲虫的小脑袋。)

树皮在树上渐渐松动,这为其他昆虫和蜘蛛创造了更多新的栖息地,它们可以在树皮下觅食和藏身。这些殖民者也会引来它们的捕食者,例如扁扁的红色的小蠹 *Cucujus clavipe*。

只要木头保持干燥就不会腐烂。然而,一些有特殊喜好的甲虫也会吃干木头,包括小型褐色甲虫粉蠹[长蠹虫科(Bostrichidae)粉蠹亚科(Lyctinae)]、报死虫或称家具蛀虫[窃蠹科(Anobiidae)]。幼虫会从木头里摄取少量的营养性淀粉,它们的蛀洞仅有 1—3 毫米宽,幼虫在洞内啃食木材时,木屑会从洞口排出。这时,潮气就能够通过这些孔洞侵入,从而加快木头的腐烂。

树木随着蛀洞、真菌和细菌的侵蚀不断软化,最终变成了长着钳状长角的大甲虫幼虫的宜居之地。此外,菌类腐蚀者的子实体又为某些甲虫提供了食物。

在热带地区,受潮腐烂的树木及其他植物会成为金龟子科甲虫的栖息地,其中包括世界上最大的甲虫——南美的犀金龟(*Dynastes*)和非洲的巨花金龟(*Goliathus giganteus*)。后者"虫"如其名*,它的长度

---

* Goliathus(哥利亚),是《圣经》中巨人的名字。

可达 10 厘米,幼虫可重达 120 克,是莺亚科鸟类的 10 倍。在这片美国东北部森林里,我唯一熟悉的是通体黑色的、以木为食的臭斑金龟(*Osmoderma scabra*),几乎在所有受潮腐烂的阔叶树上都能看到它们白胖的幼虫。它们的身体有一部分是透明的,因此你可以看到深色的木头糊状物的消化过程。再往南走,你也会找到一些甲虫的幼虫,它们大多数属于金龟子科花金龟亚科(*Cetoniinae*)中的热带果实金龟和花金龟,巨花金龟也属这类。花金龟亚科在全世界大约有 4000 个不同物种。其中大部分是热带昆虫,到目前为止许多都还是未知物种。

花金龟亚科的甲虫大小差别很大,它们带着金属色泽的炫目外表也是如此。尽管所有的幼虫都是白色,并以腐植为食,但个头最大的甲虫的幼虫们主要以腐木为食,而成虫以腐败的果实为食。这一类群中中等大小的甲虫成体吃花瓣,最小的吃花粉。

根据成虫的觅食方式划分,花金龟亚科甲虫是主要的热带传粉昆虫,许多植物的花卉需要它们来授粉。在最近的一项针对南非的两种兰花的不提供食物奖励(来造访这些花儿的昆虫们既采不到花蜜也采不到花粉)的研究中,人们发现没有花金龟们的造访,这些植物就不结果了。很明显,花金龟的确会拜访兰花(并且传粉),这是因为兰花和另一种提供花金龟食物的植物很像。因此,只有这两种植物同时生活在同一片栖息地里,三者才能存活。我曾在南非大草原上见到花金龟嗡嗡地绕着金合欢树的花朵飞舞,想到这里,我便心情愉快。它们在达雷斯萨达姆附近活动,可能是在为盛开的芒果树授粉,我在地上的腐木中发现了它们白胖的幼虫。从死亡到新生这个连续的过程中,一些参与分解死树的甲虫们在与它们直接相互作用的生存系统中也扮演着代理生殖器的重要角色。这种相互作用的关系广泛存在于所有的生态群落中,但很少有这么直接和简单的。

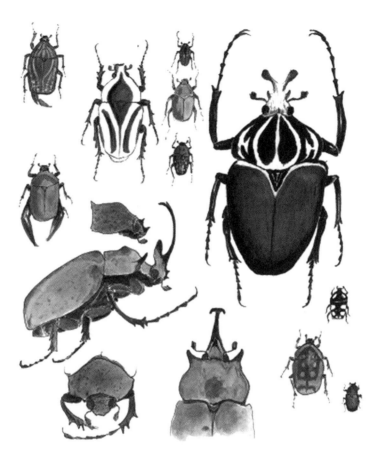

果实金龟与花金龟。所有的花金龟亚科甲虫（一个品种除外）都来自
东非，左下的四个插图画的是南美的巨大犀金龟（*Dynastes
hercules*）的雄虫和雌虫。图中的两种大型甲虫，巨大犀金龟和非洲
的巨花金龟（右上），成年后都以果实为食，其他的甲虫主要以为树木
授粉为生。它们的幼虫全部以腐木和腐植为食。花金龟因它们色彩
艳丽的外表而闻名，有金属绿色、黄色和深褐色，五彩斑斓。

　　一旦成功在死树中扎根，真菌可以分解大部分木头。其实，正如真
菌学家斯塔梅兹（Paul Stamets）所说，真菌能够"拯救世界"。它们在我
们的生活中起着很多作用，比如提供食物和抗生素，还有中和（和产生）
毒素。不过，我觉得，所有这些都比不上它们的另一个功能：分解树木，

参与形成土壤。

真菌的样貌多种多样。有的肉眼可见,但大部分时候是看不见的。它们把从树木中吸取的物质转化成繁殖所需的充足养分,然后结出非常显眼甚至外形惊人的子实体。产生和传播孢子的真菌生殖器官,比较常见的有蘑菇、木腐菌或檐状菌。生成这些结构的真菌主体是一种统称为菌丝体(mycelium)的丝状组织,丝状体可以在树干上生长数年,一直等到温度和湿度适宜的最佳时机,才长出子实体。位于子实体腹面的菌管和菌褶会喷射数以百万计的孢子,让它们随风飘散。孢子如果落在合适的地方,便会发芽并产生新的菌丝网。交配型相反的菌丝相遇后,交配形成有性孢子。

大部分蘑菇活不了几天就会腐败或被吃掉(通常是被菌蝇的蛆)。然而,有一些蘑菇——比如木腐菌——会存在几年之久,每活一年,底部就会多长一层孢子生成层。其他菌种,比如那些生长在土壤中的菌类,它们的年龄可以根据其子实体的繁殖周期来确定。有几年,我们家邻居的草坪上长了一丛蘑菇,这些蘑菇长了一圈,圈子一年比一年大。蘑菇只长约一星期就会烂掉,但长出蘑菇的菌丝体藏在地底,等到来年夏天再结出子实体。

大部分时候,长在树上的菌类都是隐藏着的。拿腐坏槭树的菌种蜜环菌(*Armillaria mellea*)来说,它们在树皮下形成一层白色的菌簇。这种菌类属于发光植物——它们在夜间发光——但你从外部肯定不容易看见。我只在树皮死去脱落后看到过已经长成的蜜环菌。你会看到由黑色"鞋带状"菌体组成的密集网络,俗称根状菌索(rhizomorphs),它们会存在几个月甚至几年之久。蜜环菌的第三个阶段是子实体阶段,它们会变成一种产生生殖性孢子的褐色小蘑菇。这些蜜环菌会出现在受到感染的树木的底部,散布孢子后,它们不到一周就腐烂了。

　　食用蘑菇深受人们喜爱。我们一家住在德国哈恩海德森林时，就对蘑菇爱得不能自拔。我们做了一回清道夫的清道夫。我们主要吃 Rehfüßchen 和牛肝菌，还有一些蘑菇的名字我已经不记得了。目前，香菇（*Lentinula edodes*）在美国非常受欢迎，数千年来这种蘑菇一直在亚洲种植。美国人通常知道它的日语名"shiitake"（"shi"在日语中意为"橡树"，是香菇生长的地方）。香菇的价值来自它鲜美的口感，富含蛋

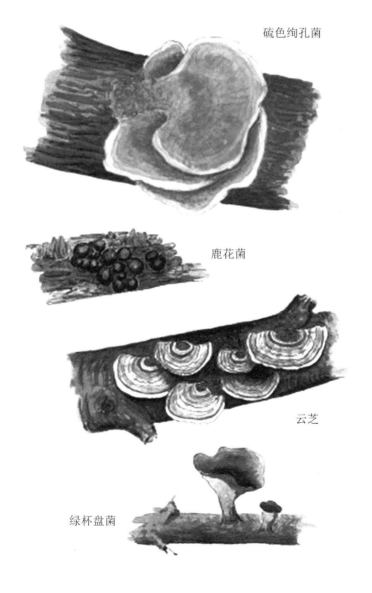

硫色绚孔菌

鹿花菌

云芝

绿杯盘菌

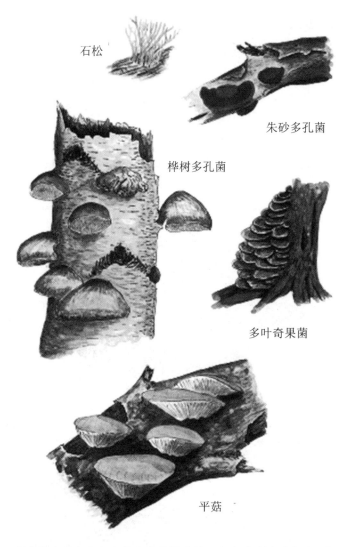

石松

朱砂多孔菌

桦树多孔菌

多叶奇果菌

平菇

图为许多长在腐木上的菌类的子实体。颜色分别有亮红色、黄色、绿色、黑色和棕色。

白质、能够提高免疫力。人们在刚刚砍伐的木材上（但也不能太新鲜）培植香菇，现在，就连我佛蒙特州和缅因州的邻居们也在橡树和槭树上种植着香菇。香菇菌种可以在市场上买到，我打算用它们帮我循环利用一下我从树林中修剪掉的糖槭树枝。种香菇的人可不会等着甲虫幼虫把菌种带进去,他们会用链锯在树上锯出口子,把菌种用力擦进去,然后将培养液灌入,再用融化的蜡封好。

在新英格兰这里,很多人会从一些刚死或快要死去的硬木树上——主要是橡树——找别的蘑菇吃。每年夏末和初秋,我们都会从树上找硫磺菌(*Laetiporus sulphureus*),这种菌号称"树上长的鸡肉",因为它们尝起来很像……鸡肉。它们成簇的子实体可以重达20多千克。还有一种蘑菇叫"树上的母鸡",学名多叶奇果菌(*Grifola frondosa*),味道鲜美,尺寸和第三种长在树上的菌种平菇(侧耳菌)(*Pleurotus ostreatus*)有得一拼,后者长在死了的落叶树上,特别是山毛榉上。这些菌的子实体不但能刺激我们的味蕾,也是许多动物的主要食物来源,但人们看不见的它们作为清道夫的那部分,起到的作用更重要。

树木分解的过程跟动物尸体分解过程比起来,就像冰川移动般缓慢。不过,很多树木在逐渐死去的过程中,都在为其他生命提供养料。在这一过渡阶段,树木在倒下前就开始发挥着重要的生态功能。

树木即便已经死去并开始腐败,也能屹立数十年不倒。这些屹立不倒的死树是它们活过的证据,也是一片森林健康与否的主要标志。森林中超过三分之一鸟类的生存需要依靠不倒的死树:它们以树中的甲虫幼虫为食,而且部分腐败的树有利于它们筑巢。少了这一过渡环节,大部分啄木鸟都无法生存。只有为数不多的啄木鸟能独自在坚硬的活树上打洞筑巢(不过,它们也会先啄通外面的一层硬树皮,到达被真菌部分软化的下面一层,在那里凿出主巢穴)。

关于残树发挥作用的一个更显著的例子是木蹄层孔菌(*Fomes fomentarius*,又称"兽蹄菌")和伪木蹄层孔菌(即火木层孔菌,*Phellinus igniarius*),它们生长在老山杨(白杨)树上。在远古时期,人们就用木蹄层孔菌的火星生火[1991年在意大利的一座冰山上被发现的一具距今

5300 年的名为奥茨(Ötzi)的冰人尸体,手里就拿着这种菌]。现在,它主要为吸汁啄木鸟服务。

已故著名物理学家、鸟类学家基勒姆(Lawrence Kilham)曾研究过他位于美国新罕布什尔州莱姆市的家附近的黄腹吸汁啄木鸟。他断定,吸汁啄木鸟的脑子里有一幅清晰的木蹄层孔菌成熟子实体的搜寻印象图。这种菌长在山杨的心材里,外面的边材就成了完整的硬壳,子实体则长在外面的树皮上。子实体引来鸟儿打洞筑巢。和许多其他啄木鸟不同,吸汁啄木鸟凿树不是为了捉幼虫吃,它们在槭树、桦树、椴树、橡树等其他树种的树皮上凿孔是为了舔食树液。它们之所以选择软化的山杨树筑巢可能是因为它们不想或不能凿硬木吧。

在听说基勒姆 1971 年的研究之前,我就已经证实了他的研究结果;我曾经怀疑吸汁啄木鸟偏爱长着菌类的白杨树,因为只要树上有它们的巢,我就能找到菌类植物。在佛蒙特州,我对家附近的许多山杨树进行观察。我检查了马路两旁的 176 棵山杨树,其中 12 棵长着层孔菌(Fomes),这 12 棵树中有 5 棵有吸汁啄木鸟啄的树洞,而没有菌类生长的白杨树就没有这样的树洞。吸汁啄木鸟似乎在刻意选择树芯软的树筑巢。也许它们是靠树上是否长着真菌子实体来判断的。当地其他的啄木鸟也会选择山杨,但它们不会只选择山杨树或者是长真菌的树木。绒啄木鸟和毛发啄木鸟似乎更喜欢在刚死但仍然坚硬的高大的槭树干上筑巢、抚养后代。不过,到了秋天,它们常会在腐烂程度更高、更矮的树干上凿洞,用来过夜。最近我发现的两个毛发啄木鸟树洞,分别是在一棵已经死了很久的胶冷杉上,和一棵被革质膜真菌(Stereum rugosum)腐蚀软化的桦树上凿的。我还在长着云芝(Trametes versicolor)的糖槭树上,距离地面两米处,发现了毛发啄木鸟的另外两个过冬的树洞。

尽管在条件允许时,不同种类的啄木鸟有自己的偏好,但啄木鸟还是会随机应变,就算结果不是最好的也没关系。我在缅因州的小屋周围有几棵白杨树,一对吸汁啄木鸟却在一棵死掉的槭树上凿洞筑巢。这是我偶然在暴风雨后发现的,一棵槭树被刮断了,树上还没长出羽毛的雏鸟全都掉在了地上,我发现的时候它们已经死了。

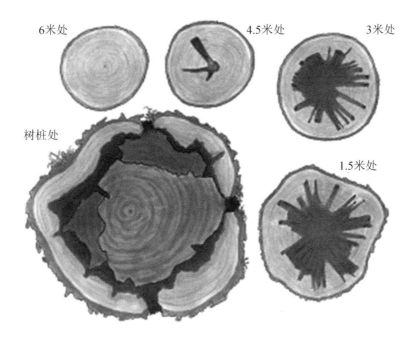

图为真菌在一棵活着的糖槭树中的繁殖进程,这棵树被遮住了阳光,可能不久就要死了。树根附近(左下图)的一处旧损伤因为组织的增生留下了三个伤口,真菌可能就是从这里进入的。图中颜色较淡的心材部分是已经死掉并且正在腐烂(不过仍然坚硬)的组织;黑色区域显示树木正在和感染作斗争。横截面显示真菌已经扩散至树木 4.5 米以上的高度。

我所知道的所有种类的啄木鸟的雏鸟都非常吵,它们几乎叽叽喳喳地叫个不停。可能这样叫能够刺激它们的父母不断地给它们喂食。这肯定也会引来捕食者,不过大部分雏鸟在它们坚固的树木堡垒中会十分安全。然而,基勒姆发现,如果浣熊能够掏开树洞,就能把吸汁啄木鸟的雏鸟抓出来。浣熊很难从白杨树中抓到吸汁啄木鸟的雏鸟,因为白杨树外表有坚硬的边材外壳保护,不过,如果啄木鸟选择边材层不太坚硬且已死亡的槭树、桦树或山毛榉筑巢的话,它们就有机可乘了。

一棵感染了伪木蹄层孔菌的白杨树对于黄腹吸汁啄木鸟来说是一种珍贵资源。一旦找到一棵这样的树,它们可能会连续几年都回来筑巢。吸汁啄木鸟是唯一一种会回到它们出生的树木筑巢的啄木鸟,但和其他啄木鸟相同的是,它们每次都会建新巢。这些树就像是经济型住宅一样,供鸟儿们在六七年内定期回来居住。北美鼯鼠、鸲、山雀等都可以循环利用这些闲置的树洞,在此安家。

毛发啄木鸟、绒啄木鸟和北美黑啄木鸟都喜欢选择硬木树来凿洞建巢,它们会选择刚刚死去且仍然坚硬(至少外树皮坚硬)的树干,而且通常是在高处。和吸汁啄木鸟不同,这些啄木鸟不会南飞越冬。毛发啄木鸟和绒啄木鸟是我仅知的新英格兰州自主搭建冬季过夜巢的鸟类。到了10月,它们便凿起了类似巢穴的洞,不同的是它们几乎总是会选择容易啄穿的腐烂树桩。与此同时,在森林的四面八方,三种鸦,以及林鸳鸯、秋沙鸭、鸲、凤头鹟、树燕、蓝知更鸟和美洲隼都住在由啄木鸟建造的树洞里。黑顶山雀和北山雀有时也会啄树洞,但它们的短喙比吸汁啄木鸟的要弱太多,无法穿透坚硬的木头。因此,它们会寻找腐烂程度较高的树木。北美旋木雀不啄树洞,但它们还是需要寻找死树,这是因为它们要在垂悬的树皮下筑巢,主要是枯死的针叶树。在热带地区,几乎所有的鹦鹉,还有犀鸟、巨嘴鸟和许多霸鹟科鸟类都要用树洞来筑巢。

死树也好,活树也罢,它们的存在对鱼类的生存同样有利。沿着河床而生的树木遮蔽了射向水面的阳光,使河水保持凉爽,这有利于鳟鱼呼吸氧气。鳟鱼需要大量氧气,而温度较高的水域含氧量低。不仅如此,溪红点鲑(美洲红点鲑,*Salvelinus fontinalis*),一种绿色大理石花纹的漂亮鲑鱼(身上长着带蓝色镶边的红色斑点,红色的鳍,粉色或红色的腹部),它们和其他所有生物一样,需要找地方藏身和休息。长在溪边的树木主要靠根部紧紧抓牢土壤,急流的溪水冲击两岸时,会冲走树下的泥土形成洞穴,鲑鱼可以躲在里面伺机捕捉漂过的昆虫。树木一旦死去,也会随着溪流渐渐进入生态循环。

我在佛蒙特州的家门前的土路边上有条水沟,如果不是因为海狸,这里的水会随季节而变化。多亏了海狸以木为食并利用它来筑坝,现在,这里一年四季水量充沛。海狸修建的层层水坝(我最近一次数一共有 15 个)将水拦截在溪谷的斜坡上。水坝长度 6 米至几十米不等。海狸筑坝形成的最大的一个水塘里栖息着三种鱼,还有 6 种蛙、一种蟾蜍和至少两种蝾螈在这里产卵。夏天的时候,这些水塘太浅,水太暖,并不适合溪流鳟鱼生存,不过,海狸在一些海拔较高的凉爽地区"修建"的池塘是溪流鳟鱼的首选栖息地。

海狸会把许多木头拖进水里,用来筑巢和筑坝,树木自身也会倒在水里,从而拦截水流,形成鱼类栖身之所。春季暴涨的河水年复一年地把倒下的树往下游冲,如果它被河岸、大石头或者别的树木截住,就会阻塞水流。水流打着涡旋经过阻塞水流的树桩的上方、下方和四周,冲刷出坑洞,当夏季水面降低时,鳟鱼便在这里藏身纳凉。这些不常见的障碍物对鳟鱼和鲑鱼的生存意义重大。

在森林里也是如此,枯死的树木最终会倒下,并形成一个截然不同的有机物组成的生态系统。不过,在真菌和细菌的不断作用下,作为生态系统的树会不断变化。土地周围的湿气、充足的氧气以及温暖的气温都有利于真菌软化木头。腐木上长出青苔,使本应流走的雨水保留下来。一些树的秧苗,例如我家树林里的黄桦,很少能冲破地面上长年累月堆积起来的落叶,而这些倒在地上覆盖着青苔的树桩就成了树苗的温床。读了瑞典博物学家卡姆(Peter Kalm)18 世纪 50 年代中期在北美旅行时写的报告之后,我推测这些长满青苔的"保育员树"对某些树种在成熟的原始落叶森林中的生存尤为重要。当卡姆来到宾夕法尼亚州时,这里巨大的树木和下层稀疏的植被都让他惊叹。这里松鼠成群,人们把猪放进树林里,让它们找坚果吃。从卡姆在 11 月 13 日的记录中,我们可以依稀推断出坚果树木在这片森林中受到欢迎的原因:"现在,不管是橡树还是其他落叶树,所有的树都在落叶,树林中的地面覆盖着的落叶有 1.5 米厚。"只有从较大的种子(例如坚果)长出的秧苗能冲破这厚厚的一层屏障。那些小种子只能利用倒在地上的树干这种不需要竞争的平台来冲破黑暗,抵达光明。

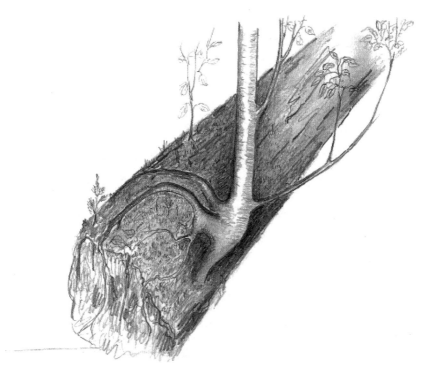

长在死去老松树树干上的黄桦树。腐败的树木为粮食储备不足的种子提供了冲破层层落叶的机会,它们能够在此扎根。

随着木头开始分解,百足虫和千足虫开始被吸引过来。到了秋天,黄蜂、甲虫以及其他虫类也会钻到这里面冬眠。在接下来的几年间,木材不断沉入泥土,秋天,无数落叶覆盖在上面,使它最终和泥土混为一体,成为腐殖质。

大约在 20 年前,俄勒冈州立大学林业学院的科学家们以喀斯喀特山脉的 530 根腐烂树木为研究对象,开始了一项将持续两个世纪的研究。这些巨大的树木的腐败周期很长,因此,这条研究之路还很长。但到目前为止,他们已经取得了一些成果,拿该大学林业学家哈蒙(Mark E. Harmon)的话来说:"我们已经有了很多与传统观点相悖的发现。"

他们目前的主要发现是,腐烂的木材是养分循环的源头,并且这些木头对森林健康的重要性远超此前(一些人)所想。氮元素是森林中树木生长的关键制约因素,而腐烂的树木就能够释放出可供二次利用的氮。更重要的是,树木在腐败的过程中会从空气中摄取气态氮,这样有机体就能把氮转变为蛋白质。另一个重要发现是,一群无法分解木头中木质素的菌种,即褐腐真菌,会留下有助于土壤形成的结构材料。白腐真菌能够分解整棵树,但只能作用于特定的树种,并且分解不同树种的速度不同。森林中树种的组成对于土壤和生物再生有着长远的影响。据我推测,研究结果大概会是这样的:树种多样性会影响土壤,进而促进树木的生长;土壤不仅仅含有残存的死树分解物,里面还包含着树木一生中落下的树叶。

每年秋天,城市里被修剪过的宠物草坪都会落上一层桦树、白蜡树和槭树的叶子。许多人会特意用耙子(或更糟的办法,用嘈杂的耗费汽油的吹叶机)把树叶收集起来,就好像这些树叶是垃圾似的。他们把树叶塞进黑色垃圾袋,扔在马路牙子上,等着垃圾车把它们收走。而我会把树叶留在原地,任雨和雪把它们在地上压平。早春的第一场滂沱大雨过后,趁着新草还未冒尖,树叶的清洁工们——蚯蚓,夜间从土里爬出来,开始忙活。它们从洞里拱出来,慢腾腾地前进,嘴里衔着被打湿的树叶,往自己的洞里拖。早上,草坪上到处都能看见一簇簇"站着"的树叶,这是因为蚯蚓拖着树叶走了一半天就亮了。为了躲避知更鸟,大部分蚯蚓会在第一道晨光出现前停止工作,回到地下。蚯蚓找到的树叶越多,繁殖的数量就越多,而土壤就会变得更加肥沃和疏松,草也会长得更茂盛。

森林中土壤的生成也是一个相似的过程。我熟悉的缅因州树林尽管一直有人砍伐,却仍然是一片生机勃勃的野生树林。这片树林面积巨大,这是它吸引人的地方和维持野生状态的原因:巨大的面积使清理工作变得困难,枯枝落叶才得以保留,并形成湿地沼泽。在这里,有的是时间让树木慢慢腐烂,变成腐殖质归于尘土,重获新生。

森林土壤是一个复杂的、拥有丰富物种的生态系统,从某些方面来看,它本身就是一个有机体。威尔逊(Edward O. Wilson)在《本能》(Biophilia)一书中这样形容一把土:"这看似不起眼的一块土里含有的生物纲目和结构多样性,特别是它们的历史,比其他所有[无生命]星球表面上加起来的还要多。这片迷你荒漠就算用一生的时间也探索不完。"在这里,我只作简要的介绍。森林土壤中的一些细菌摄取蛋白质腐败后排出的氨,并将其转化成可用的硝酸盐。一些细菌从大气中"固定"气态氮,再释放到土壤中。某些依赖于土壤、生长繁荣的细菌,其种类决定着这里生长的植物种类。在氧含量较低的环境中,某些细菌类群起到脱氮剂的作用,将氮元素排到大气中。有一类细菌,即放线菌,就像许多真菌那样,降解有机物质,生成腐殖质。此外,还有一种叫作菌根(mycorrhiza)的真菌,它们与树木等植物的根形成一种共生的关系。菌根在帮助树木从土壤中获取营养物质方面起到关键作用。

土壤微生物通过降解植物和动物残骸,释放出可供植物生长的有机氮与有机磷。因此,从长远角度来看,森林土壤需要死树或者砍伐时掉下的枯枝残叶来提供营养。但是,除了复杂的化学反应以外,融合了有机物质的土壤具有吸水的特性,因此可以源源不断地为树木的生长提供水分。碳、氮和水循环在土壤中相遇,在死树上交汇,为森林带来生机。

  土壤对于森林的繁殖能力起着决定性作用,从森林中垦殖的土地的肥力自然也由它而来。目前,土壤是一个特别热门的话题,不仅仅是因为林业和农业的发展所需,还因为它对大气中二氧化碳和气候变化有影响。树木吸收的碳可能会储存在树干和深埋在地下的根部,直到几个世纪之后才释放出来;如果储存在树叶中,树叶凋落,烂到泥土里,碳就会在一两年后回到大气中。土壤中始终有大约60%的碳元素。大气中的二氧化碳含量从工业革命初期的 275×10^{-6} 升到了现在的 389×10^{-6},土壤中的碳元素在这个过程中起到了怎样的作用呢?土壤向大气释放二氧化碳的过程受到土壤微生物和真菌的控制,而温度升高会让它们变得活跃。据估计,世界上大约有一半的土壤碳存在于北极土壤中,这些碳元素之所以到现在都没有被释放是因为北极土壤是"永久性"冻土。但是,仅仅几度的升温就能让永久冻土融化,对大气碳浓度产生巨大影响。树木"捕捉"被释放的碳,但如果碳离开土壤,就不能被储存很久。最近,一个惊人的研究结果显示,树木吸收的二氧化碳越多,它们根基从土中释放的二氧化碳就越多。这很有可能是因为,树长得较快会导致根基释放出营养物质,这些营养物质又刺激土壤微生物和真菌释放出储存的碳。

  我们处理死树,栽种小树,让"健康的"小树吸收大气中多余的二氧化碳,这让我们自以为人类是上帝送给大自然的礼物,是最伟大的清道夫。在大自然40亿年的自然选择中,一棵树的上万株子孙后代只有一棵能存活和繁衍下来,我们却以为人类优选出的经过基因改造的"优等"树种比经过自然选择的树更"绿色",还以为栽种这些树种是在改善自然。昆虫、霉菌、细菌和海狸早已为树木"出死入生"的循环设计出了最万无一失、最有效和最精细的、合作性质的系统方案,这个系统已经经过了亿万年的验证,而我们为了眼前利益设计的修补措施很难对它有什么改善。

食粪者

无用者，垃圾也；有用者，宝物也

飞走的时候就是出生。

——歌德（Johann Wolfgang von Goethe），《浮士德》（*Faust*）

　　20 世纪 70 年代中期，我和加利福尼亚大学洛杉矶分校的巴塞洛缪（George A. Bartholomew）教授来到肯尼亚察沃国家公园。巴特（Bart）*当时是我的博士研究生导师，是他激励我成为一名生理生态学研究者。我们去肯尼亚是为了研究蜣螂的生理机能、行为以及它们和生态环境之间的复杂关系，我们一开始对巨蜣螂（*Heliocopris dilloni*）特别感兴趣。这种甲虫体大如麻雀，外壳坚硬如坦克，展翅时的雄姿如鹰隼，在坚实的土地穿梭如推土机。巨蜣螂为一夫一妻制，双方合力把新鲜的象粪运进地下巢穴做成球，然后在上面养育后代。

　　10 年前，我父母受耶鲁大学皮博迪博物馆的委托前往坦噶尼喀（今坦桑尼亚）收集鸟类标本，当时我还在缅因州立大学读本科，于是我休学一年，和他们一同前往，我就这样第一次见到了非洲巨蜣螂。在这

---

　　*　巴塞洛缪的昵称。——译者

一年的探险中,我的一项工作是在梅鲁山附近的森林里架设捕鸟网。每当天刚蒙蒙亮,我去检查捕鸟网时,发现只要附近有大象,网上面就会聚集许多蜣螂。原来这些甲虫晚上出来寻找新鲜的粪便,在飞行的过程中被网缠住了。四年后,我在加利福尼亚大学洛杉矶分校学到了昆虫飞行的生理机能及其与身体尺寸和温度的关系。大的昆虫体温高,小的体温低。这样看来,研究巨蜣螂这种我见过的最大的昆虫似乎就成了完整修习这门课程的"必需"之事。我没办法让这些蜣螂主动飞进实验室,或者是至少让它们待到体温稳定下来。但是,通过在它们的必去之地(有新鲜的大象粪便的地方)截住它们,我便可以轻松测量飞行中的蜣螂的体温。许多大小不同的其他种类甲虫也会在同一时间出现在这里,因此,我便可以获得这些非常必要的参照物。我没费多大力气就让世界级鸟类和哺乳动物专家巴特相信,这是一个很有趣的项目,他慷慨地资助了这趟旅行,还亲自前来。

在非洲随便哪个地方你都能找到多达150种蜣螂(粪金龟),仅在南非就生活着780种。当时在察沃,雨季刚刚来临,正是蜣螂最活跃的峰期。我们碰到一群一身红土的大象,大约有100多头,它们一边吃着刚长出来的青草,一边缓慢前行。石灰白的蝴蝶在开着白花的低矮灌木丛中扑扇着翅膀,泛着金属光泽的绿色花金龟亚科甲虫在盛开着亮黄色花的金合欢树周围嗡嗡地飞舞。大象们用鼻子卷起成把的草,麻利地往嘴里塞。一只大象每天能消耗百来千克草和树枝,每隔一定时间就排泄出篮球那么大的圆面包状粪便。

象群一路前行,吃掉所到之处的大片植被,在身后只留下一串粪便。白天,聚集在粪便周围的蜣螂数之多,任何一个游客都会感到惊讶。但这些蜣螂白天的活动范围和晚上比,那就不值一提了。巴特和我本该像察沃旅馆的其他游客一样,晚上来一杯威士忌,但我们不是来看大象,而是来看象粪上的甲虫的,因此,我们必须晚上外出,因为这是

在繁育球里的蜣螂蛹

一对正在滚粪球的蜣螂（右图），雄虫推着球，雌虫被动附着在上面。一旦粪球被埋进土里，它就成了幼虫的食物，幼虫会在粪球里化蛹，如左图所示。

大多数甲虫活跃的时间。

　　如果你在天黑之后来到象群刚刚经过的地方，或者带上一筐白天捡的新鲜粪便，把它撒在地上，那么，在听见狮子那具有穿透力的嘶吼前，你会先听到一阵微弱的窸窣声。这是成百上千只蜣螂径直朝着你倒出来的粪堆快速爬来的声音。它们大小不一，从仅比米粒稍大的到麻雀大小的（如巨蜣螂）都有。一次，我们用半升新鲜象粪在15分钟抓了3800只甲虫！这些甲虫的总质量已经超过了我们撒出去的粪便的质量。每天晚上，蜣螂们不是把粪便现场消灭，就是推到地下巢穴，或是团成球滚到别的地方。一两个小时以后，所有剩下的大象排泄物变成了一个直径两米，由松散的、几乎已干的纤维材质组成的大饼，里面几乎所有的营养汁液都被吸干了。但仍然有数百只米粒大小的蜣螂窝在里面，试图搜刮完最后一滴珍贵的营养物质。

　　很快，我们对一种个头较大的蜣螂产生了浓厚的兴趣，后来我们认出它们是紫蜣螂（*Scarabaeus laevistriatus*）。这些甲虫会在黄昏时分准时出没，就在我们晚上开始寻找蜣螂之时。它们谨慎小心地靠近新鲜粪便,先用触角碰碰,然后用耙子一样的前脚和头部前端铲状的突起将粪便切开。每只蜣螂都从粪堆中撬走一部分,用前爪拍一拍,再从粪堆中挖点出来加上去。就这样,它渐渐地雕刻出了一颗体积和高尔夫球或棒球差不多大小的近乎完美的球体。这一过程需要花上 10—30 分钟。把粪团成球之后,蜣螂(通常是一对蜣螂伴侣中的"丈夫")前脚着地,细长的后脚搭在球上,就像在倒立一样。它面朝后方,前腿往后退,后脚蹬着粪球滚动。在它开始滚动粪球前,成群的蜣螂会涌过来,打算偷走这只蜣螂不计报酬为爱打造的劳动成果。一些雄蜣螂制作粪球是为了结婚用,或者是为了展现自己以便求偶,因此,粪球对于想要竞争的雄性蜣螂来说非常重要。

新来的紫蜣螂通常会暗中观察整个粪堆,不会立刻着手制作粪球。它们会接近某个正在团粪球的蜣螂,跳到快要完工的粪球上。如果偷袭的是雌蜣螂,团粪球的是雄性,那么这个雌蜣螂就会把身子紧紧地贴在球上,静止不动。(某些品种的蜣螂是雌虫滚球,有的则是雌雄双方一起滚。)雄蜣螂会接受这只雌蜣螂,无视这个搭顺风车的乘客,连球带雌虫一起滚走,反正仅仅是球上多个疙瘩而已,也没什么。但通常情况下,两只蜣螂都是雄的,它们脸各自着地,开始一场较量,双方都希望能把对方推下去,做粪球的蜣螂可不愿意把自己的作品拱手让给别的雄性。

每只或每对蜣螂在滚动粪球时,是任意选取一个方向后持续前进的,它们可能是靠着与某一地标或空中的参照物保持固定角度来确定方向。走了适当的距离或到了一块柔软的土地上后,它们就把粪球埋起来,这大概和埋葬虫埋老鼠尸体差不多。如果是一对蜣螂夫妇的话,它们会先挖巢穴然后交配,交配后雄蜣螂便会离去。雌蜣螂产下一颗卵,然后留下来照看它所产卵的粪球,这颗粪球不仅是虫卵的温床,还是发育中的幼虫的食物。(这里的食物量可能和埋葬虫使用的动物尸体差不多，但蛋白质少了很多，因此，蜣螂一次只产一只幼虫，埋葬虫则产十几只。）蜣螂一生能活两年，它们一生会多次筑巢产卵，每次都是和不同的伴侣。

粪球在被埋进地里的同时，表面被土壤中最常见的黏土覆盖。到了地下，粪球的形状被蜣螂的唾液进一步改变和加固，形成坚硬的外壳。雌虫会一直看护和修补粪球，直到幼虫蛀空粪球内部并在里面化蛹之后才会离开。蛹刚在地下结成时还是软的，呈乳白色，但可以隐隐看见幼虫的腿和身体其他部分，就好像包裹在纱布里的木乃伊。随着雨水一遍又一遍地洗礼，泥土逐渐松软，大约在雌虫产卵一年之后，成年蜣螂冲破粪便和唾液外壳，从土壤下的"木乃伊棺"中钻出来。它可能会等到夜幕降临之后才会出现在大草原上，循着气味寻找新鲜的粪便。

我心存疑惑：为什么大象的（以及许多其他动物的）粪便能成为如此受重视的资源？粪便难道不是一种废物吗？为什么大象不吸收掉它们所吃下的植被中的所有营养物质呢？目前可以得出的假说是，食物进入大象的肠道后分流的速度非常快，大象只来得及摄取表面的精华。但是，既然几千只甲虫能在半升粪便中找到足够的营养，那就说明有许多营养物质留了下来。难道大象没有受到使能量利用最大化的强烈选择压力吗？这不可能啊，大象庞大的身体和巨大的能源需求会给它们造成强大的选择压力，要求它们榨干食物的每一滴能量。不过，我又意识到，大象依靠肠道中的共生微生物来实现高效率的消化。这些微生物能分泌出酶来消化大象吞下的粗纤维。这种情形的必然结果是这些神奇的共生者对大象来说就像牛对我们人一样。大象把微生物圈养在自己肠道里，作为主人，它们必须有所克制。也就是说，它们不能为了图快速消化的眼前利益，分泌出杀死这些微生物的酶。大象必须让微生物活着，它们也的确有某种我们还不知道的机制，防止自己把养的

"牛"消化了。此外,这些共生者肯定也进化出了一套机制来防止自己
被宿主消化。这么一来,其中的一些微生物就会随排泄物完整地被排
出来。一旦被排出体外,这些微生物就成了其他生物的蛋白质来源,这
些动物可不像大象那样不敢杀鸡取卵。由此,我推断,正是因为大象虽
然需要这些肠道寄生者,但又不能一直把它们留在体内,才让蜣螂捡了
便宜。

粪便对许多动物来说是一种珍贵的资源,很有可能从它刚出现在
大地上的那一刻起,这些动物们就进化出了一套循环利用粪便的系统。
位于蒙大拿州双麦迪逊组的白垩纪沉积岩已经证明,当时,专门处理粪
便的甲虫们就已经进化出了相对"现代"的挖掘行为,而且,像这样的甲
虫当时还有很多:它们挖的地道显然是为了将收集到的粪便转移走,从
而避免地面上的激烈竞争。考虑到有这么多动物——大象、水牛、羚
羊、长颈鹿、疣猪、狒狒、狮子、鬣狗、胡狼、猎豹、河马、人和犀牛,肯定有
很多粪便,而且种类多样。动物排完便,在循环者的帮助下,这些粪便
转化成土壤,同时,动物消化不了、能活着从动物肠道内出来的植物种
子(它们就像那些共生生物一样)随着动物的粪便被播撒到各处生根。
举个例子,大象爱吃水果,它们在吃水果的同时把大量植物的种子播撒
了出去。一些植物完全依赖大象播种,就像有些植物完全依靠某种黄
蜂或蜜蜂授粉和传播一样。最近的一项研究显示,亚洲象可以将种子
播撒到1—6千米之外,刚果森林里的大象可以将种子传播到 57 千米
远的地方。

我端详着从非洲收集来的蜣螂,开始把它们画出来,这时我不禁惊
叹于它们完美的独特形状和尺寸。我首先画的是最大的蜣螂,巨蜣螂,
它们只能从象粪中孵化。这些蜣螂不断往象粪堆飞来,它们会紧急降
落,然后把大大的翅膀折叠起来,收进酒红褐色的鞘翅下。它们迈着沉
重缓慢的步子,就像田径队里的大块头肌肉型运动员。不过这些迷你

推土机能直接往地里钻。它们扁平的头部前端长着四个铲刀状前突，用来挖土，前体胫节两侧长着扁平的铁锹状突起，用来清理挖出来的蓬松的土。它们的短而粗的后腿裹着坚实的肌肉，后体胫节的末端为肌肉发力提供着力点。大部分甲虫胫节的进化程度都不及巨蜣螂，后者近似方形的胫节上向后长着几根刺，这些刺能够在甲虫头朝下推行时提供牵引力。雄蜣螂在大象粪堆下挖出隧道后，就在原地等着雌蜣螂，然后它会留在隧道口以便把稀松的粪便运给雌蜣螂。雌蜣螂把粪便堆成粪球，用来产卵和为幼虫提供食物。一些会钻洞的蜣螂种类中，雄蜣螂会为雌蜣螂准备充足的粪便，这样的话一个窝里就能产好几颗卵了。

滚粪球的蜣螂和巨蜣螂截然相反。它们尺寸各异，但每只都能把粪便从掉下来的地方运到合适的地点埋起来免得被其他蜣螂发现。在这些蜣螂中，紫蜣螂就像是胸肌发达的细腿长跑运动员。它们飞行时速达30千米，一落地就飞快地跑起来。我前面提到过，它们在黄昏时出没，它们前脚刚来，紧接着，上千只同类就乌泱泱地出现了，这些大多是很小的蜣螂，可以直接整个钻进粪便中。紫蜣螂需要加快速度了，不仅仅是因为争夺粪便的竞争非常激烈，还因为它们需要时间滚起粪球拖走。在地面上粪堆里的蜣螂往往身处险境，因为猫鼬和诸如犀鸟、珍珠鸡等鸟类会在粪堆里找虫子吃。我经常能看见猫鼬的足迹和较大的蜣螂的残尸一起出现——柔软的腹部已经被吃掉了，只剩下其他部位。粪堆上的情景和大型动物残骸现场很像，既充满机会，也交织着强烈的危机。

· · ·

在非洲，你很难不联想到人类的起源。在寻找粪便和蜣螂的过程中，我随手找到了好几块缺损的石器，还有一块15厘米长的石头，周围散落着许多粗糙的碎屑，我几乎可以肯定这是距今150万年的阿舍利

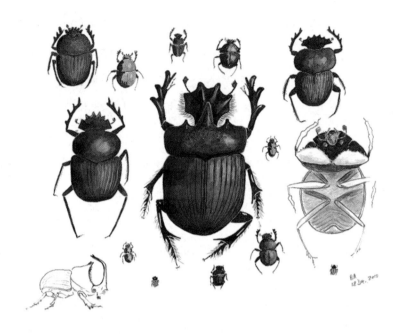

我在肯尼亚察沃国家公园考察期间,在象粪上搜集到的非洲粪金龟、两只来自南非的铜色蜣螂(*Kheper nigroaneus*)(右上)以及一只在南非克鲁格国家公园捉到的未知品种(右中)。中间最大的甲虫是以大象粪便为食的巨蜣螂,左边的是紫蜣螂。左下的小蜣螂生活在粪堆里。很多别的蜣螂把粪便滚走,巨蜣螂直接把粪球就地掩埋。个头大一点的蜣螂为黑色或褐色,小一点的有的是金属绿色和金属蓝色。

时期的手斧(请参看第 49 页我画的图)。我把它捡起来——直到今天还心存敬畏地保存着——我不太相信自己所看到的,一把砍斧竟然可能被用来砍猎物的肉或腐肉。附近一处石洞里的壁画让我想到,在这里进化的史前人类面对尸体的情形,就像蜣螂面对大象粪球一样。壁画中的人被画成细长条状,他们全速奔跑着,在画面中就像一群正在追捕羚羊的"长跑运动员"。这些史前人类会不会尽可能快地瓜分尸体后逃走?还是说猎捕活的动物更考验他们的速度呢?

粪便刚刚被大象排出时是比较硬的,当紫蜣螂刚来到一处粪堆中时,它要做的第一件事就是在粪堆上四处搜寻别的蜣螂做好的粪球。偷粪球可以省下自己做粪球的时间和功夫。不过和任何比拼体力和灵敏度的竞赛一样,身体(肌肉)温度和个头大小是成功偷到粪球的决定因素。我们在非洲观察到的蜣螂之间的对决仅持续几秒,输赢很容易分辨,被推下去的就是输的一方,把球滚走的就是赢的一方了。每次对决一结束,我们立刻给双方选手称重,并用电子体温计测量体温。让人惊讶的是,赢的一方不一定个头更大,但肌肉温度一定更高,而且比人类的体温要高好几度。这些蜣螂速度极快,这就直接导致它们的肌肉温度很高。

我们脚下的土壤是红黏土,我用水瓶里的水和着黏土做了些小球。蜣螂对我的这颗球起初并不理睬,直到我把它们埋进新鲜的大象粪里之后,它们就开始像争夺蜣螂做的那种"真的"粪球一样打了起来。这招真管用,我和巴特不需要等蜣螂做好粪球,就能挑起很多战争。这些黏土球实在太抢手了,我们有时候甚至来不及拦截住,这些黏土球就被滚走了。

虽然体温高的蜣螂赢得粪球的可能性较大,但这也意味着它们需要付出代价。蜣螂在堆粪球时身体会抖动,但如果在制作粪球的整个30分钟内一直抖,那么它们就会把能量储备燃烧殆尽。就像长跑运动员一样,一开始还能全速奔跑,但等能量消耗完了,最后冲刺就没那么轻松了。因此,这些蜣螂一旦在粪堆中着陆,就会立刻开始寻找做好的粪球,刚刚结束飞行,快速的新陈代谢让它们热血沸腾,胜算更高。而堆粪球的蜣螂为了保护自己辛勤劳动的果实,也必须不断抖动以保持体温。但不是所有的蜣螂都能做到这一点。

如果找不到现成的粪球,紫蜣螂会迅速用它们干草叉一样的前胫节从粪堆中扯下一块块粪便,然后拍成球,整个过程中前足舞得飞快。它们之所以能移动得这么快是因为它们刚刚结束飞行,身体还很热——运动产生并存储了能量。一些个头大的蜣螂体温高达45℃,比我们人类和大多数其他哺乳动物还要高8℃。体温高的蜣螂能速战速决,5—10分钟内就能堆出棒球那么大的粪球,然后开始把球推走。

它们的腿又细又长,跑起来和滚起粪球来速度很快,如果它们的体温还在42℃的话,它们在平地上的速度能达到每分钟11.4米。如果体温降到了32℃,那它们奔跑的速度就只有每分钟4.8米了。

我们俩渐渐用光了实地考察的时间和资源,回家之后,还有一个问题困扰着我。如果竞争对手少一点的话,紫蜣螂会不会更悠闲,也不用保持那么高的体温了?因为我们已经发现有一种白天行动的蜣螂,白天几乎没有竞争对手,它们和夜晚出行的蜣螂相比,的确速度较慢,体温也较低。也是为了解决我的疑惑吧,后来我与我带的研究生伊巴伦多(Brent Ybarrondo)和马登(James Marden)一起去了南非。不巧的是,我们在博茨瓦纳、南非和津巴布韦呆了几个礼拜,却没发现紫蜣螂的身影。

事已至此,马登转而研究一种跑得飞快的拟步甲科(Tenebrionidae)昆虫,这种甲虫的雄虫在地上六足并用地追赶雌虫。我和伊巴伦多则去观察铜色蜣螂,一种生活在克鲁格国家公园的滚粪球的蜣螂。和大部分滚粪球的蜣螂一样,每对铜色蜣螂在一颗用来繁育的粪球里只产一枚卵,雌蜣螂会留在地下照顾它12周。和夜晚出没的紫蜣螂一样,这些昼出夜伏的蜣螂也会为了争夺粪便在粪堆里打架,赢的也是体温高的一方。如果双方因为新鲜粪便而僵持不下,那么,要么它们去找另一处竞争对手少一点的粪堆,要么就做一个小粪球,这样制作的时间和被偷的概率都会降低。这种策略的不足之处在于,因为不能提供充足的食物,这种小粪球不能用来繁育后代,而只够成虫吃。(由于雌虫只想在大一点的粪球里产卵,它在选择交配对象时可能会考虑粪球的大小而不是求偶者本身。)

在我搜集到的样本中,有一种甲虫让我很是困惑。它身子硕大扁平,乍一看,外表很像是 *Pachylomera femoralis*,但据报告显示,这种蜣螂是滚粪球的,而我收集到的这只,从结构上看,没有制作粪球的工具,即它的前胫节和头前端缺少凸缘。相反,它的前肢非常发达,上面长有尖刺。它看上去就像是"退化版的" *P. femoralis*。从体形和结构上看,我好奇它是不是像熊蜂那样,靠寄生在与它亲缘关系接近的宿主上而活。我猜它应该是从一个滚粪球的蜣螂进化而来,它们会钻进其他种类的蜣螂的育儿巢,用肌肉发达的前肢把粪球的主人推走,就像一只紫蜣螂赶走另一只刚制好粪球的紫蜣螂一样。

为了获得相同的资源,即粪便,不同种类的蜣螂进化出了种类繁多的特长,从这一点看来,它们就像是一个进化实验室。第一批蜣螂独占资源,大家机会均等,不需要什么速度和技巧。随后,竞争使得获得和保留资源变难,有特长者得优势。快人一步到达现场,就成了从粪堆这块肥田中分得一杯羹的一大制胜秘技。

大部分甲虫都是暖气候飞虫。生活在缅因州和佛蒙特州的埋葬虫就是如此,它们通常只在夏末和温暖的气候中比较常见。蜣螂也一样,它们对季节非常敏感,并且好像主要生活在热带。我在缅因州只见过两种蜣螂,两种都是在腐肉里。有人可能猜到了:随着北美野牛的灭绝,蜣螂可能也会灭绝,因为北美野牛粪是它们的主要食物来源,后来奶牛取代了北美野牛,人们也并没有在奶牛、鹿或者是驼鹿的粪便里找到蜣螂。相反,在非洲的雨季,牛科动物和羚羊的粪便几乎一出现就被蜣螂扫荡一空。在北欧,那里的原生牛已经被赶尽杀绝了,取而代之的是奶牛,但粪堆上没有成群的蜣螂——至少在 2011 年 8 月,我在瑞士雪山放牛的两周内一只也没见到。澳大利亚的情况更是不同。那里具备热带气候条件,但没有原生牛,直到近现代欧洲人才将奶牛引进澳大利亚。

蜣螂的工作在生态方面意义显著。它们为土壤施肥和松土,延缓致病菌和病原体的传播。不同类型的蜣螂适合在不同的季节和栖息地处理不同动物的粪便。它们在生态系统中的作用很难界定,因为我们不能为了做实验而把它们全部从自然界中消灭。不过,一项几乎覆盖整个澳洲大陆的"实验"却能回答许多问题。澳大利亚昆虫学和生物学家博内米萨(George Bornemissza)出生在匈牙利,童年时代在那里收集过甲虫。他在奥地利因斯布鲁克大学获得博士学位后,移民到了澳大利亚,并加入了西澳大利亚大学动物学系。来到澳洲后,他发现这里和他的家乡欧洲的第一个重大区别是,牛群吃草的地方满地都是牛粪,这是他在欧洲所没见过的。北欧气候潮湿,粪便腐烂分解了,南欧有蜣螂,把粪便消灭了。他意识到,澳大利亚的蜣螂没有处理牛粪的能力。因此,他提出引进会处理牛粪的蜣螂,并开始了一项长达 20 年的工作,即"澳大利亚蜣螂计划",他也因此于 2001 年被授予澳大利亚勋位勋章(Medal of the Order of Australia)。

在澳大利亚联邦科学与工业研究组织(Commonwealth Scientific and Industrial Research Organization,CSIRO)的支持下,博内米萨为了找到最适合解决澳大利亚牛粪堆的蜣螂品种遍寻 32 个国家。牛粪真的是一个严峻的问题,其主要原因有以下两个方面。首先,粪块会变得干硬,然后粘在土壤上,长此以往,长有可食用的草的土地就会变少。其次,牛粪堆是澳大利亚灌木丛蝇(*Musca vetustissima*)这种极其讨厌的苍蝇的理想孳生地。如果博内米萨可以找到既能够适应澳大利亚气候,又能分解粪便的蜣螂,那么他就可以一石二鸟地同时解决两个大难题。

引入海外品种往往伴随着潜在风险,博内米萨想要尝试引进的所有蜣螂物种都必须养殖在隔离的环境中,以防止它们把害虫带进来。澳大利亚总共引进了 55 种蜣螂,并且事实证明,这一举措卓有成效。

它们改善了土壤的健康状况,从而保护了牧场。"昆士兰蜣螂计划"的总结报告中肯定了这些蜣螂"每年创造了几百万美元的经济价值"。澳大利亚灌木丛蝇也因此大幅减少,几代澳大利亚人用来赶走苍蝇的"澳大利亚挥手礼"变成了"过时的手势"。

博内米萨现在移居到了塔斯马尼亚州,在那里,他和迈克尔斯(Karyl Michaels)致力于研究皆伐和焚林对自然的影响,这些毁坏林木的方式已经导致依靠腐木繁殖的甲虫大幅减少。其中一种以博内米萨的名字命名的树生甲虫,锹形甲虫(*Hoplogonus bornemisszai*),现在已经濒临灭绝。

尽管蜣螂种类繁多,能够处理几乎所有动物的粪便,但它们也和许多丧葬甲虫一样只喜欢新鲜货。一旦粪便变干,蜣螂们就会放弃手头的工作,在热带的旱季里这是常有的事。它们大多在雨季活跃,这时候它们方便在地下打洞。旱季时幼虫在地下发育,等到雨季到来,土壤被冲软了,这就是在给它们发出信号,告诉它们可以破土而出了。如果没有白蚁,在这段时间出现的粪便会一直留在地面上。

和其他任何一种动物的粪便比,大象的粪便不论是外观、气味还是质感都非常粗糙。这是因为大象不仅吃多汁的嫩草,还会吃下整棵灌木。这些食物被消化后排泄出来,就像一堆潮湿的锯屑那样坚实。这些粪便质地之粗糙,几千只蜣螂得忙活一整晚才能把一堆粪便分完。等到早上,蜣螂搬完粪便之后,地上留下一米宽的一层薄薄的纤维状虫粪。不过等到这些木质粪便干硬了以后,它们就成了白蚁的完美饲料。

白蚁是由以腐木为食的远古蟑螂进化而来,它们把细菌和原生动物一起吞进消化道,借此来帮助它们消化原本毫无营养的纤维素。在大块木头里安家的白蚁们可以慢慢地进食,后代们的食物充足,成虫就不用外出辛劳了。白蚁利用自己的粪便建巢,它们吃掉的木材越多,巢穴就越大。所以白蚁越多，就过得越快活。在这样拥挤的庇护之所生活，使得这些约 300 万年前的蟑螂进化成了今天的白蚁。

和远亲蟑螂比，白蚁对光的惧怕有过之而无不及，它们一生中的大部分时间都生活在黑暗中。白蚁一生中只会离开巢穴一次，是为了飞出去求偶并组建家庭，这个家庭有可能会变成一个有几百万只白蚁的群落。但平均起来，新产生的白蚁群落和消失的群落数量相当，且每个白蚁群落中只有一只产卵的蚁后。由每个群落都会飞出数百万雌雄白蚁这点看来，成功繁殖后代就像中彩票一样：成功率只有一百万分之一。大部分白蚁一生都呆在恒温的蚁巢里或巢穴附近。为了觅食，白蚁们修建了长长的隧道向外伸展出去。木材中的纤维素是它们的能量来源，这可是简单易得又储备丰富的食物。

白蚁所产生的主要潜在污染物就是它们的粪便，这里面含有它们将纤维素消化后留下的无法消化的木质素。但白蚁正是循环利用了它们自己的这些排泄物来修建巢穴和隧道。最近，我从苏里南的热带雨林中带回的一块白蚁巢让我怀疑白蚁粪便中肯定还有别的什么物质，因为白蚁建造蚁巢使用的材料质量上乘。这种材料和塑料很像，并且，让我惊讶的是它还完全不溶于水。我还没有深入研究这种类似于塑料的材料，但我判断它应该不像塑料那样含有毒素，例如可以在塑料制品中发现的性激素类似物质。白蚁的这种经过自然进化考验的材料也许能取代我们发明的塑料，这样我们从木材中提取有用的纤维素剩下的废物木质素就能物尽其用了。

IV
───
◆

水中死亡

作为陆生动物,我们自然而然地把处理尸体和埋葬联系起来,这种联系的根源来自大地,大地常常是栖息地。然而,地球上的大部分面积被海洋覆盖,那里的动物可能会死在距离自己的栖息地很远的地方。像鲸那样庞大的尸体会沉入几千米深的寒冷黑暗的海底。鲑鱼一生中大部分时间都生活在海里,但会来到内陆等待死亡的来临,尸体会在淡水中被处理掉。鲑鱼尸体循环过程的大部分影响发生在陆地,而非它们曾经生活过的海洋。陆地死亡的规则对水中死亡同样适用,不过得换个方式。观察水中死亡,我们可以具体了解生物如何适应环境,并一窥我们所熟知的环境之外的大千世界。

鲑鱼的由死到生

　　与卡特迈国家公园和自然保护区毗邻的阿拉斯加州麦克尼尔河上有一连串的小瀑布。6 月红鲑洄游和 7、8 月大马哈鱼洄游时,会在这里遇上锋利熊爪的阻击。这些北美灰熊(*Ursus arctos horribilis*)是世界上最大的棕熊,体重可达 700 千克。奥米勒(Larry Aumiller)是麦克尼尔保护区的负责人,多亏了他,赢得抽奖的游客可以来到保护区,在几米内近距离观察灰熊。观察灰熊的游客既没有防护栏保护,也不能携带枪支。因为灰熊已经习惯了人的存在,并不会因此而被激怒,所以从未有游客受到袭击。此外,我觉得鲑鱼尝起来可能比人要好吃多了,至少对这里的灰熊而言是这样。

　　通常情况下灰熊是独居动物,尽管如此,它们还是会聚集在麦克尼尔河瀑布,因为这里的水流汇集之处方便它们拦截鱼群。这个时候,鲑鱼们已经在北太平洋里生长了两到三年。瀑布周围一次可以聚集 20—68 头巨大的灰熊。正因为在这里能够抓到肥美的鲑鱼,它们才能长这么大块头。如果碰上的洄游鱼群数量可观的话,饱餐过后的灰熊就不再继续吃鱼肉,而是撕掉鱼皮,只吃鱼的性腺,因为里面含有丰富的鱼籽或鱼白。它们还有可能吃鲑鱼的脑子,因为里面脂肪含量高,灰熊需要为它们冬眠作准备,届时它们体内会囤积上百千克的脂肪。

你可能会觉得熊不吃的这些鱼肉就这么"白白浪费"了,可从生态系统的角度来看,灰熊的这种"挑食"习惯却为其他动物提供了食物。每当灰熊在捕食时——在麦克尼尔河瀑布也好,在鲑鱼出没的其他地方也好——身边都会出现等着"捡漏"的食腐动物。在这个地方,等着用剩下的鱼肉展开盛宴的是成群的海鸥。

在阿拉斯加及美国西海岸的许多其他湖泊里生活着很多种鲑鱼。这场逆流而上的斗争对大部分鲑鱼来说,是一条不归路。几年前,它们沿着同一条河顺流而下,汇入大海,并长至成年。现在,它们重返家园,在这里繁衍后代,并在此死去。一旦鲑鱼进入其出生的淡水湖,它们的激素便开始作用,使其生理机能和外表产生变化。拿红鲑来说,它们的嘴会变长,背部突出,浑身变成亮红色。产卵过后,鲑鱼会在生理机能的作用下突然衰老,它们的组织几乎溶解,然后,它们就会死在这个自己出生的地方。鲑鱼外表发生的变化可能与性选择有关,许多其他鱼类和鸟类在产卵时外表也会发生变化。不过,鲑鱼看似提早到来的死亡很难用"适者生存"的进化论原则来解释。

根据人类标准以及所谓适者生存的标准的(简化的)理念来看,加速死亡这种情况不该存在。然而,从进化逻辑来看,生物在完成繁衍之后就没有必要再活下去了。事实也是如此:有人提出,人类进化史发展到现在这一阶段,人类这一物种的基因不断发生恶性突变,却并不见自然选择来淘汰这些基因,因此,总的来说,我们的基因是为了加速我们的灭亡。随着我们寿命的增加,医疗费用的支出也在不断上涨。然而,即使从严格的唯物主义角度来看,我们人类对后代的贡献也远远不止基因遗传。生活在一个需要技能来维持生存和发展的复杂社会里,我们对子孙后代的奉献行为本身就是遗传基因的一部分。人类的长寿就是对这种解读的证明。人类在绝经以后依然可以长期生存,是为了让老人们(就像老象一样)把他们的经验与知识传授给下一代,帮助他们生存和发展。在我看来,相同的论据可以用来论证鲑鱼看似提前到来的死亡,这种早逝(我后面将对此作出解释)是一种对子孙后代作贡献的间接基因机能。

在逆流游了成百上千千米并产卵以后,鲑鱼只有很小的机会能够活着游回大海,再次等到下一年回去产卵。因此,与其为了不确定的将来"积蓄"体力,还不如为了现在拼尽全力。它们唯一能做的最有用的贡献是确保每一次为了繁殖后代而作出的努力能发挥出最大的作用。这一点足以解释鲑鱼为何不把力气留到以后,但这能否解释为什么鲑鱼要自杀,而不是选择逐渐的或自然的死亡呢?

优胜劣汰的自然法则迫使动物快速修复创伤,避免被捕食的命运,所以我们不明白为什么这些鲑鱼还没到最后一刻就放弃抵抗,任凭捕食者/食腐者处置。为什么经历了一次从大海返回上游产卵后,鲑鱼的第二次产卵之旅反而会更加困难?第一次回到上游产卵的鲑鱼中只有百分之一能成功,在这种情况下,为什么不让鲑鱼原本就机会渺茫的第二次产卵之路走得顺畅一点?一种观点认为,鲑鱼产卵后还可以进食,这样可能至少会为第二次尝试产卵恢复体力,但它们并没有这么做。它们的行为有两个作用:第一,这实质上是在挨饿,以确保鲑鱼的体力会在某一时间彻底耗尽;第二,保证它们不会以自己或其他鱼的卵和幼鱼为食。我相信,第二种作用主要是迫于自然选择的压力,即这种强加于自身的死亡能够帮助后代生存下来。不要忘了,这些鱼将要回到它们老家所在地区的那片流域,回到它们的出生地。它们的后代也要回到这个有着亲戚们的地方。如果不以自己的幼鱼和亲属为食还不算足够大的选择压力的话,另一个更为间接的作用则可能巩固自然选择的益处,至少不会让鲑鱼为了选择的利益而作出的牺牲有所折损,即大量涌入的鲑鱼尸体有利于创建和维系它们的生态环境。也许有人会这样反驳我的观点:没有选择自尽的"狡猾的"鱼类会被自然选择,取代那些牺牲自己而服务大众的同类。但这一点在鲑鱼身上并非如此。

正如我之前所言,一部分鲑鱼在返回上游产卵地的途中就被捕食者吃了,不过大部分鲑鱼还是等到了产卵地以后才被吃掉的。每年都有几千条鲑鱼相继死亡,在这里死去的鲑鱼总数以百万计,它们的尸体在麦克尼尔河瀑布区域形成了无与伦比的食物宝库。棕熊沿着美国西海岸一路向前,直到阿拉斯加,它们在这条路上享尽了美味的鲑鱼肉,和它们一道共享盛筵的还有海鸥、秃鹰、渡鸦、水獭、乌鸦、喜鹊、松鸡和浣熊。这些食腐动物所做的是传统意义上熊在树林里做的事,在它们的帮助下,鲑鱼就像送"快递包裹"一样,把氮、磷等其他养分从大海中运送到河流和河流周围的树林里。含氮量的多少是树木生长的制约因素,因此鲑鱼不仅仅能养肥熊,还能养壮树。作为回报,树木的根基会锁住频繁的大雨带来的水分,"形成"集水区,并有可能为鲑鱼产卵创造条件。

鲑鱼壮丽的迁徙和产卵之旅让我们着迷,世界各地的人都以鲑鱼为食。在我看来,作为大自然高度进化的生死循环的一部分,鲑鱼本身更加传奇。

◆

其他世界

1970 年,一具抹香鲸尸体被冲到了美国俄勒冈州佛罗伦萨市附近的一处海滩上。俄勒冈州高速公路管理处的工作人员担心这具庞然大物散发出的恶臭会持续一年甚至更长时间,但他们不知道首先应该采取什么措施,所以就此咨询了美国海军的意见。他们决定把尸体拆碎,这样方便食腐动物尽快把肉弄走。于是,工作人员在尸体周围摆了 20 箱(半吨)炸药。引线刚一点着,半径 250 米范围内就下起了密密麻麻的鲸脂雨,其中一块鲸碎块甚至砸坏了 400 米外的私家车。人们之前并没有预计到这样的结果。

2004 年 1 月,另一具在中国台湾省台南市附近搁浅的抹香鲸尸体(60 吨)也上了头条。人们把它装进卡车,送到一所大学进行尸体解剖。但卡车到达以后,当地有关部门没有批准此次尸检。之后,尸体被送往野生动物保护中心进行处理。当卡车行至台南市中心一条繁忙的大街时,鲸尸体内部腐败产生的气体造成尸体爆炸。店铺和行人一下子陷入了令人作呕的臭气和天女散花般的内脏和血雨中。尽管人群想要疏散出去,这场骚动还是让交通停滞了数小时之久。

到了 2007 年,又一具鲸尸体(7 吨重)被冲到了美国加利福尼亚州凡吐拉的海滩上,这一次,之前的悲剧没有重演。尸体引来了围观的人群,但凡吐拉县公园管理处没有采取炸药炸碎的方法,而是调来推土机在沙滩上挖了一个约15米深的坑直接填埋尸体。不巧的是,这具尸体可能已经被刺破了,因为它(和同一时段的另一头鲸)好像死于圣巴巴拉海峡繁忙航道上的往来船只的撞击。更不巧的是,覆盖在尸体周身的沙石大部分都被冲走了。鲸油和腐肉从伤口流了出来,污染了海滩,使得周边海滩不再适宜居住。

在早更新世时期及更早时候的鲸的尸体是如何被处置的,我们不得而知。但过去,鲸的尸体鲜少搁浅滩头,因此食腐动物们并没有专门进化出处理陆地上的鲸尸的能力,就像我们人类面对这种情况也没有好的经验。搁浅的鲸可能会被碰巧出现在附近的惧狼、秃鹫,又或者是美洲狮和剑齿虎处理掉。

鲸死后的自然循环过程大概是从水面附近开始的。我们对鲸的自然死亡所知甚少,不过我们可以想象出大概的情形。年老体衰的鲸最终会溺死。我估计,孱弱的鲸很容易被虎鲸(杀人鲸)盯上,后者加快了前者的死亡。虎鲸饱餐一顿之后,鲜血会引来大型鲨鱼,例如大白鲨和几种较小型的鲨鱼,它们会成群结队地涌向新鲜的肉。鲸的体腔被撕开,器官被吃掉,肺部气体泄出,之后会发生什么呢?

鲸尸体开始下沉,在黑暗寒冷的海底墓穴漂流。这里充满着专门以上层水域落下来的尸体为生的生物。在我们看来,这些生物可能有些怪异,因为它们长得和我们所熟知的动物不太一样。一些鱼身上长着发光器官,有种鱼的发光器就像长长的杆子上吊着个灯笼。还有一些鱼长着比自己身子都大的嘴和满嘴大牙。有的鱼,雌鱼把小小的公鱼带在身上,雄鱼就像寄生在它身上的寄生虫似的。它们进化成这种形态是为了解决在黑暗中很难找对象的问题——对于生活在光明世界的我们来说这是多么稀松平常的事。

但这些生物并不会把所有从天而降的恩赐食物一网打尽。因此，鲸尸体的一部分得以下沉到海的最底层。在海深超过 150 米后，光合作用无法进行，因此，再往下就没有植物，只有动物了。至于适应了这里的环境而生存下来的动物们，不是以从上面降落下来的残尸剩肉为食，就是靠相互猎食而活。这里的许多动物都是透明的。在这样一个深海世界，我们人类是看不见光的，但这里的一些动物长着大大的、超常发育的眼睛，这样它们就具备了一定的视力，这些看得见的生物就能较容易捕食那些从它们上方游过的视力更差的生物。再往下走，到达海的更深处，来自上面的光线绝对无法渗入到这里，生物的眼睛也不可能像我们那样接收从物体反射过来的光线，因此，它们也是什么都看不见的。不过，它们可以自己发光。被捕食的动物显然不"想"被看见，但它们又需要被潜在的配偶看见。在远离阳光的海底世界，海底生物不断上演着闪亮绚烂的蓝光秀，其目的从（大概是）吸引配偶到引诱猎物，再到欺骗潜在捕食者，不一而足。人们观察到，某种桡足动物会往水中排出发光物质（细菌？）以隐藏自己的位置，这和章鱼喷墨如出一辙。这里是"吞噬鳗"的世界，这种鳗鱼会随波逐流，只伸出一条长长的尾巴用来探触可食的碎屑或游过的动物们，它的嘴巴大到足以吞噬和自己一样大的动物。40 米长的水母型群体，其身体表面有很大表面积用来感知漂浮的食物颗粒。这里还生活着一种"鱼如其名"的怪鱼——尖牙鱼，它行动缓慢，通过伸展的触须依据触感或水的细微波动在黑暗中侦察附近的物体。

在奇妙的黑暗世界下沉了几千米之后，鲸最终于海底长眠。这里的温度接近冰点，按理说，鲸的尸体本应该在这片冰库一样的地方永远堆积下去。但鲸从大约 5400 万至 3400 万年前的始新世就开始存在于地球上了，这么长时间以来，这些尸体一定被处理掉了，不然海洋里冰冷的鲸尸体会堆积到岸上来。数百万年来，数不尽的鲸尸体沉入海底，为海底生物提供了丰富的食物,如此巨大的食物宝藏可能促使一大批特殊的食腐动物进化出食用这些尸体的能力。可到目前为止,我们并不清楚这些食腐动物长什么样,也不清楚它们是如何分解地球上最大的哺乳动物的。

海洋里的大部分生态系统的能量归根到底是来自照射在海洋表面的阳光。不过,过去的几十年间,人们发现了两个以其他物质为生物提供能量的新生态系统。我们现在知道,海底深处的沟壑里分布着海底烟囱,这些烟囱会喷射出200℃的高温热水,水中含有硫化氢(我们很熟悉它的臭鸡蛋味),一些细菌就从这种物质中获得能量。在这种深海生态系统中,生命不再以光合作用为基础,而是以化学合成作用为基础。虾和其他生物就像羚羊吃草一样吃细菌群。其中一些细菌还进化成了和动物细胞共生的状态。这就像和细胞共生的藻类进化成了叶绿体,和细胞共生的细菌进化成了线粒体,使动物能够以植物或吃植物的动物为生。在这个新发现的"烟囱"生态系统中,细菌吃硫化物,而蠕虫、蛤类、蟹和很多其他生物体吃细菌。第二种新发现的海底生态系统以"冷泉"产生的甲烷气体为能量源,和其他生物体共生并以生物体身上的碳化合物为食的细菌最先收获甲烷。

除了上面说的两种生态系统以外,还有一种从鲸尸体中汲取能源的独特生态系统。前面提到过,鲑鱼洄游数百千米回到上游然后死去,鲸也是一样,它们来自另一个不同的生态系统,也就是上层水域,那里的生物主要以光合作用为基础。

两千米的水下几乎没有自由氧,那里的温度在-1—2℃。根据常识,在这样的环境中,细菌分解要么几乎不存在,要么就非常缓慢。服役于伍兹霍尔海洋研究所的"阿尔文号"(Alvin)深海潜艇(1964年建成,每次能搭载两名科学家潜入海底)的一次科考行动无意间证实了海底细菌的缓慢分解过程。那是1968年10月,一艘轮船在运输"阿尔文号"的过程中,一根钢丝绳断裂,导致"阿尔文号"沉入 1500 米深海。10 个月后,"阿尔文号"找回,而沉船时遗落在船内的一块芝士三明治看上去没有任何变化,甚至还能吃。在这样的环境里,一具 160 吨重的蓝鲸尸体又是如何被分解的呢?

人们找回"阿尔文号"之后,对它进行了翻修。自 1977 年起,它执行了几百次潜水任务,丰富了我们的知识,特别是对位于中央海脊的深海热泉的认识。1987 年 11 月,夏威夷大学的海洋学家史密斯(Craig Smith)在"阿尔文号"上执行任务。当他在使用声呐扫描仪对圣卡塔利娜太平洋盆地 1240 米深的淤泥海底进行探测时突然有了新发现,他以为自己看到的是一具恐龙化石,结果是一副 21 米长的蓝鲸骨架。船员们惊讶地发现尸体上裹着厚厚一层细菌和蛤类。这一壮景标志着"鲸落"(whale fall)研究的开始。自从第一次发现鲸骨架后,人们又陆陆续续发现了其他鲸落,有的是科学家为了观察食腐动物的进食过程而有意促成的。持续不断的观察和研究发现了许多专门清理鲸尸体的殡葬者,其中还包括以前不为人知的物种。

我们现在知道了,尽管海底温度很低,但鲸尸体沉到海底后,上面的肉依然很快就会被一系列移动的食腐动物一扫而空。众多可以在深海生存的移动缓慢的巨大睡鲨会随之而来,成群的盲鳗紧随其后,一头扎进鲸肉里,直接通过皮肤吸收营养物质。长尾鳕、石蟹和上百万只片脚类动物(身体横向压缩的小型甲壳纲动物)也加入了盛宴。这一阶段的进食可以持续几个月或一年,如果鲸足够大,甚至可以吃两年。鲸骨架是最难分解的部分,因为体积巨大使得生物很难接近。梅尔维尔(Herman Melville)在《白鲸》(Moby Dick)中,将一头 90 吨重的抹香鲸体内的四十几根巨大的脊椎生动地描绘成"哥特式的尖塔",最大的脊椎"宽度大约接近 1 米,高度大约在 1.2 米"。

尸体的软组织被吃光以后,一层细菌占领了骨架,紧接着,细菌层引来了以它们为食的帽贝和海蜗牛。鲸尸体上还出现了厚厚的一层多毛类蠕虫,每只大约5厘米长,外形类似百足虫。这些蠕虫以每平方米40 000只的密度完全覆盖了尸体。它们将细菌层风卷残云般吞噬之后离去,接着大量其他物种搬了进来。这些生物体主要依靠汲取骨头中剩余的脂肪营养为生。细菌在无氧条件下分解脂肪,并产生二氧化硫这种副产品;而二氧化硫则通过化能合成(像生活在热泉中的生物那样)生成有机分子,这种方法类似于植物通过光合作用固定二氧化碳。像在以阳光为驱动力的生态系统中那样,鲸落的生态群靠化能自养生物为生,其中一些化能自养生物生活在其他自养生物体内,就像叶绿体(从远古时代藻类共生体进化而来)"活"在植物中。某些蛤类和管状蠕虫不需要内脏,这是因为它们体内的化能自养生物能直接生成有机分子。小型食骨蠕虫(*Osedax*)"僵尸虫"(*Osedax*在拉丁语中意为"吞噬骨头的人")也没有消化道,它们钻进骨头后,体内的共生细菌会出来进食脂肪,僵尸虫再把它们一并吸收进体内。

我们已经在鲸落中发现了超过400种大型底栖动物(该类别不包括细菌),其中任一尸体上都有至少100个物种。不同种类的成千上万个个体可能在同一时间消化分解着同一具鲸骨架。鲸尸体分解过程需要持续十年甚至是百年之久才能完成。

一个鲸落就像是一座生物种类多样的岛屿,我们还不清楚生物是如何占据这座小岛的,许多生物就像是无端冒出来的一样。鲸落为各种处理尸体的"专家"提供了栖息地,是生物多样性和新物种进化的乐土。19世纪和20世纪,过度捕捞造成鲸数量锐减,这也导致这些临时"岛屿"分布间隔甚远。我们也许想知道这些鲸尸体之间的距离有多远才能让以鲸落为生的生物无法抵达,而最终导致它们的灭绝。

同样是沉入海底,但与骨瘦如柴的海底浮游生物尸体比起来,鲸这样的庞然大物,其尸体在它们专业化的殡葬师的作用下有着截然不同的命运。和其他生物一样,鲸的分解过程往往进行到分子层面。它们的生命因此能够以新的形式在新生命中延续。但对于某些海洋浮游生物而言,它们的尸体构成了基本的地质元素,能够塑造陆地的形状、地质和土壤,并决定了土壤中生长的植物种类,以及地球的大气层、气温及地球能供养的生命,因此,它们的地位无比重要。单从数量来看,任何一个历史时期的海洋浮游生物尸体的总量都远远超过了所有鲸尸体的总和。远在第一批鲸祖先的尸体沉入海底前几百万年,今天最重要的浮游生物就以相同的面貌存在了。这些浮游生物的尸体后来变成了白垩*和硬石块,它们就这样被永久保存了下来。

1868 年,英国博物学家赫胥黎(Thomas Henry Huxley)第一次讲了著名的白垩的形成故事。这位学者因为不遗余力地捍卫达尔文的自然选择进化论而以"达尔文的斗犬"的称号闻名于世。在给"诺维奇的工人"做的一场名为"论白垩"的讲座上,赫胥黎提到,加热白垩会使碳酸蒸发并生成石灰。因此白垩是一种石灰碳酸盐,与钟乳石和石笋是同一种物质。赫胥黎在显微镜下观察白垩的薄片,发现在它白色化学物质的外表下,还隐藏着"数十万……缩在一起的尸体"。

这些尸体直径约为 0.2 毫米,形态各不相同,最常见的一种看起来就像"长坏了的覆盆子",由多个大小各异的近似球形的颗粒聚集而成。除了上面说的微型化石,另一种高密度的块状材料也是白垩的形成物质,即只在海里生存的单细胞原生动物——球房虫(*Globigerina*)的钙质骨骼,它们是白垩中最主要生物之一。白垩中约有 400 种距今 100 万年甚至更久远的物种,其中的 30 种至今仍生活在海洋中。

1853 年,人们在铺设横跨大西洋的通信电缆时,第一次收获了海底

---

* 一种质地较软的白色岩石。——译者

3000 米的土壤标本。从海底挖掘的淤泥被送到显微镜下观察,结果人们发现这些淤泥几乎全部由今天仍然存在的球房虫的骨骼和圆形的单细胞浮游藻类——色球藻(俗称颗石藻)的碳酸钙骨骼组成。总结起来,大西洋底数千平方千米巨大平原上铺着的淤泥就是白垩最初的样子。

赫胥黎被誉为第一个在海底淤泥中发现单细胞浮游生物的骨骼的人。其中一个重要的物种赫氏球石藻(*Emiliania huxleyi*,简称赫氏藻)就以他的名字命名。赫氏藻是目前为止海洋中最常见的颗石藻。它开出的花覆盖了海底几十万平方千米的面积,为海洋增添了一抹鲜亮的蓝绿色,即使是在太空中也清晰可见。在晚白垩世时期,因为大陆板块不断延伸,地下炽热的岩浆涌动形成了剧烈的火山喷发,并产生了大量温室气体,造成全球变暖,冰盖融化,海平面上升到比今天还高 600 多米的位置。在那个时期,赫氏藻有可能缓解了全球变暖。赫氏藻是否发挥了缓解全球变暖的作用至今仍有争议,因为这种藻花植物既能反射光和热,又能从大气中吸收二氧化碳并生成碳酸钙,碳酸钙结成块沉入海底。赫氏藻将不计其数的二氧化碳从大气中分离,通过化学作用将其封印到白垩和石灰石中。

白垩现在分布在全世界的各个角落,它构成了英格兰、法国、德国、俄罗斯、埃及和叙利亚的地基,总直径超过 4500 千米。某些地方的白垩层厚度超过 300 米。地下白垩沉积物通常会在地质断层中暴露出来,但只会暴露于悬崖峭壁上,其中最著名的要数与英吉利海峡相望的多佛尔悬崖了。

海洋浮游生物形成的微化石是白垩的主要构成要素,除此之外,白垩还非常完好地保存了海胆、海星、鹦鹉螺等其他软体动物以及蛇颈龙的化石。在白垩纪时期,上千种生物的尸体在海底堆积。有时还可以在白垩中找到少量黑色燧石,虽然目前还不完全清楚燧石的形成过程,但它也是由动物死后石化形成的。一块小小的白垩岩石在赫胥黎的显微镜下却有着非凡的意义：赫胥黎提出被白垩覆盖的广大地区在远古时代曾经是海底。他还发现在大西洋淤泥样本中，大约百分之五是由二氧化硅骨骼组成，而不是碳酸钙。二氧化硅来自长有硅质壳的硅藻和海绵骨骼。从这一点我们可以推断硅藻曾经来自海水表层，在那里它可以进行光合作用。除了构成我们所说的"硅藻土"以外，硅藻被认为是形成石油的成分。

石灰岩的来源和白垩相类似。它是一种主要由单细胞海洋浮游生物的骨骼碎片中的碳酸钙组成的沉积岩，其中还夹杂着蛤壳、海百合、珊瑚（海岛的组成成分）等遗骸。在水中自由游动的珊瑚虫依附在坚硬的基质上，然后建造出碳酸钙基底作为骨架。珊瑚动物们死后，骨架保存了下来，其他生物个体迁居于此，再建造自己的碳酸钙底座，久而久之就形成了石灰岩暗礁。石灰岩以及其变形物质花岗岩自古以来就是人类重要的建筑材料。金字塔就是人工制成的石灰岩大山。罗马人最先制作出了水泥，他们把石灰岩加热到220℃，受热后的石灰岩释放出二氧化碳分子，只剩下粉状物质，这种物质与水混合就可以用作混凝土的黏合剂了。

罗马斗兽场能够建成，一部分原因是征服了耶路撒冷城，然后征用了大约10万名犹太俘虏做苦力。不过如果没有当时新发明的混凝土，斗兽场可能也没法建成。工人们用混凝土灰浆将罗马城外30千米处采挖的石灰华、石灰岩与大理石固定，并做成座椅和外墙。混凝土还被用来建造水桥，将水源引入罗马以进行农业生产、维持生活和提供能源。这种罗马人2000年前用来筑就文明的材料至今还被我们用来建造私人建筑和公共建筑。我曾利用混凝土来黏合我在缅因州的小屋的基石。我们是真真切切地生活在古地质时期的海洋生命的遗骸上。

我们人类的身体也是从早期的生命进化而来的。我们体内的DNA

不仅仅保留着来自地球孕育生命初期我们祖先的遗产,还包括其他血统的基因。我们细胞内的线粒体是燃烧碳化合物并释放出碳链能量(这种能量归根结底是我们从植物那儿借来的)的发电室,它就来自在我们体内定居的远古细菌。这些细菌很懂得克制,它们在有限的环境里不进行裂变,从而节约当前环境能提供的有限资源。

远古的世界其实直到今天还存在着。许多珊瑚身上鲜艳的颜色来自和它们共生的藻类。藻类在珊瑚身上定居,作为回报,它们为珊瑚提供有机化学物质作为食物。温暖的海水会杀死这些藻类,导致珊瑚白化并最终饿死。达尔文首次提出珊瑚礁(以及珊瑚礁组成的小岛)是由未被分解的碳酸钙骨骼长期沉积形成的假设。珊瑚礁是当今世界上最富饶、物种最丰富多样也是最受威胁的生态系统。

海洋世界中没有被循环利用的生物遗骸可能对地质和大气的影响最大,但陆地上的远古遗骸也同样保存了下来,它们主要是构成泥煤、煤炭和石油沉积物的未被循环或者没有完全被循环利用的植物残骸。在寒冷且缺氧的环境中,植物残骸不会腐烂分解,它们先是变成泥煤,然后变成褐煤(这时的植物已经死了快10 000年了却仍然保存着纤维结构),之后又会变成沥青和软褐煤。随着时间的推移,软褐煤又变成无烟煤,也就是"硬煤"。(原油的来源至今仍然存疑。一种观点认为原油并非源自不完全分解远古植物(主要是藻类)和浮游动物,另一种主导理论则持反对看法。)

当第一批两栖类动物从水中爬向陆地,当巨大的蜻蜓飞越长满树蕨和石松的热带森林,来到广阔的湿地,自此煤炭的形成条件得到满足。树蕨和石松等植物不断堆积、下沉、被洪水淹没,之后被沉淀物覆盖,如此循环往复。随着压力和温度的升高,植物残骸逐渐变成岩石,这个过程今天仍在上演。

引起和推动了工业革命使世界人口暴增的大量煤炭,以及我们直到今天仍在开采和燃烧的煤炭，全都来自距今 3.6 亿—2.9 亿年的泥盆纪和石炭纪时期。不过更早时期的植物群落可能早就存在于硬煤中了。硬煤受到大陆板块相互挤压的作用而深埋于地下 140—190 千米处。在这里，硬煤在巨大的压力和高温的共同作用下，转化成了自然形成的硬度最大的物质——钻石。

钻石在人们心中代表着永恒和纯洁。对我而言，从它们起源于生命这一点来看，它们也很适合作为生命永恒和爱情长存的象征。一颗钻石即是一颗永生的化石，它里面承载着这颗星球上生命的进化史。如果钻石被用来颂扬生命的无价，那么它代表的就是穿越时光的一切生命形态，而不是仅代表某一个现存物种的生活的商业噱头。

V

变 化

深埋在我们脚下的白垩和石灰岩是远古时期的生物体累积形成的,文化的形成也是如此。我们留下的知识、弱点和愿景,历经岁月的积淀变成了文化。文化是我们长期耳濡目染而进入大脑的无形生命,这就像植物通过根系和叶片气孔吸收营养物质再将其转化为糖类和 DNA。我们继承和吸收的这种非物质生命就像是石灰岩一样对我们当下和将来的生活有着重要的意义。有形和无形的生态循环之间并没有明确的边界。

生物变化的机能各有不同,但都不会仅限于外表的瞬间转变。埋葬虫的外表和声音会瞬间变得和熊峰一样,一些毛毛虫只需改变姿势就能伪装成蛇或树枝。这种伪装掩盖了它们其实并没有发生本质变化的事实。真正的变化需要很长的时间,生物在身体和精神上会完全呈现出不同的外表、行为以及生态状态。身体上的转变对昆虫和两栖类动物来说是家常便饭,偶尔也在脊椎动物身上发生。

在生物学诞生以前,看到像蝌蚪变成青蛙这样的自然转变,人们毫无疑问会相信这种魔法在人身上也适用,例如,把青蛙变成王子或王子变青蛙。为什么不能呢? 人类从婴幼儿时期向成年人的过渡和蝌蚪变态成青蛙的过程大致相近。事实上,现在发育生物学的知识让我们了解到,在充满羊水的子宫里的人类胚胎就像是水里的鱼,之后它会转变成小老鼠的模样,最后才长成人的样子降生。但是,有一点对我们来说至关重要:出生后我们的变态过程仍在继续。我们不仅仅外表会变化,精神和心灵也是如此。更为重要的是,我们是唯一可以凭自身意志控制自己和他人变态过程的动物。

变态成新的生命、新的生活

拥有创造生活，付出创造生命。

——丘吉尔（Winston Churchill）

　　1951 年春天的一个早晨，我们一家乘坐飞机向着纽约的天际高速前进，我们就要成为美国人了。我父亲正在向我介绍我们即将看到的自由女神像和蜂鸟（*Kolibris*）。后者尤其让我期待，几天后我在缅因州第一次见到了这种鸟，那是一只雄性红喉蜂鸟，这让我欣喜若狂。不过，我花了好长时间才捉到一只。虽然我很擅长弹弓，但这种鸟也不是省油的灯。让我始料未及的是，在这之后又过了一两个月，我居然捉到了一只。

　　在美国，现已知的蜂鸟一共有 339 种，许多是植物授粉主要的媒介。这些神奇的魔法师们把花朵从美丽的"花瓶"变成了生殖器官。我当时完全不清楚美国蜂鸟生活在哪里，有多少只，属于哪个物种，长什么样。但我曾听说过一种特别神奇的蜂鸟，它就是大瑰喉蜂鸟，是蜂鸟中最小的一种。在我缅因州的家里，熊蜂在花园里采蜜时是停在花上，而蜂鸟则是悬空在上面。它的小翅膀嗡嗡地扇个不停，短短的尾巴在花丛中不断忽闪着。看到它和我想象中的一模一样，我就想要一只。

无比想要。这是一只温顺的蜂鸟。于是我跑进屋,拿了我爸的捕虫网立刻跑回来,嗖地一扑就把它捉住了。在这个胜利的时刻,看着它在纱网里挣扎着,我的兴奋全都变成了惊讶——看到它的额前长着一对触须,我才知道原来这是一只蛾子。

长喙天蛾属(*Hemaris*)蜂鸟鹰蛾及其幼虫与蛹

　　经过辨认,这是一只蜂鸟鹰蛾,属于长喙天蛾属,它还有其他几个亲戚。这一属的天蛾长着大眼睛,背部为淡绿色,腹部有厚厚的白色绒毛。和其他长着长喙的天蛾不同,我捉的这一只有长长的类似舌头的吮吸器官,当它不采蜜时,舌头整齐地卷起来挂在"下巴"上。这种天蛾别名鹰蛾或斯芬克斯蛾,属于遍布全世界的天蛾科(Sphingidae)。尽管蜂鸟鹰蛾的行为像是在模仿蜂鸟,它们的生理机能也和蜂鸟相似,但这并不妨碍人们惊讶于它的美。天蛾身上的彩色图案别致炫目,身上的灰底混合着黑色、纯白色、黄色、深棕色、紫色和粉色,还有宝石红和祖母绿,因为其似毛非毛的外皮而构成了各种意想不到的组合和图案。在鸟类世界,明亮的色彩被用来吸引异性,但对这些蛾子来说,其色彩搭配是为了在树皮或树叶上进行伪装。有的蛾子翅膀上长着眼睛图案,张开翅膀时突然出现的假眼睛会吓跑捕食者。除了长喙天蛾属以外,大部分天蛾都是夜行动物,它们靠气味彼此交流。

静止不动的蜂鸟鹰蛾很容易和鸟类区别开来,但一旦它们振翅飞翔就和蜂鸟很像了(不过它们怎么看也不像鹰啊!)。这些蛾子和蜂鸟差不多大,最大的翼展可达20厘米。它们之所以和蜂鸟长那么像,是因为它们也需要悬浮在花上采食花蜜。但它们的身体构造和蜂鸟截然不同。蜂鸟的两只脚上各有4根脚趾,而蜂鸟鹰蛾长了6条腿,还没有脚趾。前者长有长喙和长长的舌头,后者则是吸管一样长长的吮吸器官,可以卷起来,也可以伸长(一些蜂鸟鹰蛾的舌头长度可达身长的两倍)。从头身比看,前者的头很大,后者的胸腔里只装着一个小小的神经元结,脑袋就更小了。前者驱动翅膀靠的是骨头上排布的肌肉直接牵动,而后者只有四片翅膀,没有骨头。前者用肺通过血液向肌肉输送氧气,后者不但没有肺,血液也不运送氧气。二者除了长得像,没有其他相同点。

要不是我们了解天蛾这种动物,我们会以为它们是来自另一个世界的生物,而天蛾的另一种形态是我们所熟知的,不过,这种形态只会出现在天蛾生命周期中的一个阶段。天蛾还有另外一种完全不同的形态,如果不是因为我们已经熟悉了这种形态,我们绝不会把它和天蛾联系在一起。通过对天蛾变态过程的观察,我们发现可能并不是所有的天蛾都有相同的基因源。在这一章节,我将探索生物自我转变的另一种方式,从而更深刻地了解大自然的殡葬者这一概念及其工作机制。

和其他昆虫一样,天蛾从幼虫到成虫会一动不动地经过几周、一年,甚至几年的蛹期,之后才能"重获新生"。把时钟拨回到10个月前,我捉到的这只蜂鸟鹰蛾那时应该没有细长的嘴也没有翅膀,还是一条绿油油、光溜溜、胃口巨大的虫子。除了锋利如刀的颚快速咀嚼着,它几乎不怎么动。它能爬,但只能缓慢地蠕动。蛾子具备飞行的能力和速度是为了适应后天环境,它的幼虫习惯静止、行动缓慢也是如此。它越是不动,动得越是慢,就越不容易被通过动作发现猎物的残酷捕食者发现。放在手上看,幼虫外表颇为惹眼,但放到它生活的环境中,你几乎看不见它们。通过配色、反荫蔽,以及皮肤上模仿树叶伤痕的棕色斑点等巧妙的伪装技巧,幼虫与它啃食的树叶混为一体。毛毛虫附在长着叶子的树枝上纹丝不动,每天仅在需要到别的叶子上时才挪动个几厘米。它们把树叶吃得一点不剩,这会使鸟儿追踪到它们。因此,它们会在转移到下一片叶子之前把上一片树叶的叶柄也啃掉,从而完全抹去自己的觅食痕迹。一旦有捕食者(常常是一只鸟)落在树枝上,毛虫就会退后,像埃及的斯芬克斯石像那样保持僵死的姿势,这也是天蛾的别名"斯芬克斯蛾"的由来。

变态过程存在许多的谜题,其中的一个比较值得推敲的是为什么会变态或者是需要变态。默认的解释是,变态是生物成年前必经的成长过程,在这个阶段,生物必然出现反映它们进化过程的形态。蝌蚪就是重现其祖先的鱼形态之后发育成两栖类动物的。与此相似,人类胚胎阶段出现的腮裂和尾巴也是在重现相同的早期进化路径。这些生物发育的早期阶段对保守的生物分类学有指导意义,它说明,就算是两种完全不同的动物(鸟和天蛾)也会因趋同现象而导致彼此相像。

举个更实际的例子,比如金枪鱼和鲸,两者不同之处在于鲸在胚胎阶段像其他哺乳动物那样长有四肢,据此我们可以推断鲸不是鱼,而是哺乳动物,它们只是长得像鱼罢了。同样,蜂鸟鹰蛾虽然长得像鸟,但它不是鸟,它的幼虫既不像鱼,也不像禽类,更不像两栖类。达尔文提出,幼虫是一种很好的生物分类工具。很长时间以来,人们都认为珊瑚属于(无脊椎)软体动物,因为它们长着坚硬的碳酸钙外壳。然而,达尔文指出珊瑚幼虫长得像虾,还能自由游动,因此,人们现在把珊瑚归类到了和蟹及其近亲的一类中,而不是归类于蜗牛。

动物发育阶段出现生物进化变异痕迹的这种现象,被德国生物学家海克尔(Ernst Haeckel)总结为"胚胎重演律"。因为缺乏普适性,这条定律虽然没有被否定,但也遭到了强烈的批评。种系生长发育的理论可以大致区分昆虫和脊椎动物,因为不同种系的哺乳动物的早期胚胎看起来都很相似,但不同于其他动物。许多无脊椎海洋动物的早期发育形态和成年时大相径庭,比如海绵、海星和海胆。另一方面,章鱼来源于头足纲及其近亲(早期化石中的头足纲长着类似蜗牛的壳),它们生下来就和成年章鱼长得一样,过着浮游生物的生活,过渡时期也不像蜗牛。"胚胎重演律"原则也并不适用于许多其他生物体,例如昆虫的变态过程简直是两种截然不同的动物之间的转变。

昆虫起源于距今4亿年的寒武纪的一个种群,它们的祖先是像甲壳类一样的水生动物。当年它们带着一身防御铠甲(也是骨骼的一种)登上陆地,并进化成了各种形态。由于体外的这层骨骼只有柔软的时候才能伸展,为了生长,昆虫需要定期地脱壳。所有昆虫在成年前都会经历多次蜕壳,每一次蜕壳都伴随着生长和身形略微改变。这是因为蜕壳是昆虫发生转变的必要途径,但这并不一定导致变态。起源最早的几种昆虫除了变大之外,(在生长的过程中)几乎没有别的变化,蠹虫和跳虫破卵而出时就是成虫的迷你版。与之类似,蝗虫(直翅目)、蝽(半翅目)、蟑螂和白蚁(蜚蠊目)在每次蜕壳之间变化也很小。那么问题来了:为什么诸如鳞翅目(蛾子和蝴蝶)、双翅目(苍蝇)和鞘翅目(甲虫)等昆虫(所有这些类目在幼虫阶段都是肥大或细长的软体虫)会出现剧烈的、几乎是"突变式"的身体变化呢?我后面会解释,这种(外形上的)剧烈变化的的确确是"死而复生"。

在某些昆虫和其他动物的变态过程中,因为受到两组十分不同的基因指令的主导,它们转变后的形态就像是另一个物种。幼虫的基因指令主导完毕以后,成虫的基因指令就会开启。可是为什么会有两组截然不同的两个物种的基因指令呢?这个问题的标准答案是毛虫和成虫的需要不同,因此它们的基因指令也有所不同。可是一个物种怎么会出现两种基因组呢?到目前为止,这个问题最为广泛接受的答案是,这是由于自然选择逐步造成的,生命周期的两个阶段分别有不同的选择性压力:早期阶段强烈要求抑制成虫基因,之后在对的时间再把它激活。不过一种新的理论声称,从蛆到苍蝇、从毛虫到天蛾之间的转变太突然了,中间没有任何的延续性,因此这些物种的成虫实际上是全新的生物体。这个假设认为,当这些物种的祖先还是远古水生生物时,由于受精是在体外进行的,可能在受精过程中和别的物种发生了杂交。因此,它们形成了第二套基因组,后者在合适的环境下会被激活。实际上,这种动物是一种嵌合体,是两个物种的混合,当第一个物种死去,第二个物种就诞生了。

乍一看,这一主张变态过程是由生长发育中前后出现的两种截然不同的生物构成的观点简直是天方夜谭。海洋生物学家威廉姆逊(Donald Williamson)第一次提出这个假设时,不出意料地遭到了嘲笑。可实际上,嵌合体包含其他生物的基因组的理论是主流生物学的一部分。20世纪60年代,我还是研究生时,曾研究过原生动物小眼虫(*Euglena gracilis*)。众所周知,小眼虫的细胞核里包含着自身的基因指令,线粒体里存在着另一组单独的指令,而叶绿体里还有第三组。我把这种微生物养在黑暗中,喂它们糖、醋酸和其他有机化合物,它们就吃这些东西。而当我把它们放到光亮中时,它们就变成了植物,因为它们有叶绿体,可以利用空气中的二氧化碳生存,就不需要捡食碳化合物了。小眼虫和其他一些原生动物能够自我转化,这是因为除了自己的DNA以外,它们还有另外两组DNA,一组在线粒体里,是从细菌那里获得,能够让它们分解糖类;另一组从藻类那里获得,能让它们变成植物。叶绿体是为适应新环境——也就是其他细胞——而发生改变了的蓝细菌的典型,它甚至能在细胞内增殖。它们通过适应、限制和接受环境中适当的刺激而调整自己,所有生物都是如此。叶绿体最大的适应性改变是抑制增殖以避免因过度繁殖而害死宿主。

上面提到的小眼虫仅仅从别的物种那里获得了部分基因组,就变成了合成微生物。而这种DNA转移时刻都在发生:当噬菌体病毒感染细菌时,它们常常把基因物质从被感染的细胞转移到另一个被感染细胞的基因组里,被转移的基因物质会在新的基因组中随着细胞的分裂增殖而无限地增加。这种方法叫作转导,是分子生物学家广泛使用的一种有效的实验工具。前面提到过珊瑚的例子,这种生物体的所有细胞都在生存和繁殖,但都是半独立地在别的细胞内部进行的。一些稍大一点的头足纲动物体内也有绿藻,这些绿藻也和所有的绿色单细胞动物一样从空气中的二氧化碳中摄取碳元素,合成碳化合物,它们首先满足自身需要,顺便再喂饱它们的头足纲宿主。不管是一部分细胞融合进其他细胞里,还是整个细胞进入其他生物体的细胞里,抑或是整个生物体住在其他生物体的体内,例如原生动物和细菌住在白蚁、大象以及动物界其他成员的消化肠道内,三种情况的共生原则都是一样的。这种共生现象可以延伸到生态系统的组成,最后扩展到整个地球上几百万互相依存的生物体。

原生动物从藻类身上获得有用的基因指令,而白蚁又从原生动物身上获得这种指令,其中的道理就像人类把家禽和植物纳入我们的社会,让我们获得了适合做麦乐鸡和炸薯条的基因指令。不同的是这些新基因指令的作用层级不同。

　　不论这些基因指令来自哪里,在某些昆虫和动物的变态过程中的确有两组不同的指令在运行,不同的物种都有不同的基因指令,有的指令甚至比物种还要复杂。因此,基因指令代表着重生,不仅仅是从个体转化成个体,而是相当于从一个物种变成另一个物种。那么两套基因指令存在于同一个生物体内,如何避免出现"非驴非马"的生物呢? 不管两套基因指令来自哪里,这都是一个可能存在的问题。解决方法是:旧的身体大部分死去,生命在新身体中延续。所有的昆虫都大体遵守这个秩序。我捉到的那只蜂鸟鹰蛾的幼虫完全长大后就离开了从出生到现在一直待着的樱桃树,它在地上东探探,西探探,然后钻进了土里。它在地下为自己建了个墓穴,它一动不动地躺在漆黑的地下,最终萎缩并脱去死皮,变成木乃伊状,外面裹着一层硬壳。它的器官溶解,内脏变成糊状,身体中大部分细胞死去了。不过也有一些细胞保留了下来,它们是"器官芽"(成虫盘)。正如同植物的芽能开枝散叶长成一株新植物,器官芽就像种子或卵那样长成新的器官。幼虫在蛹期表面上是在"休息",但器官芽还在工作,它们分泌出的酶把幼虫细胞摧毁,再把这些细胞中的蛋白质和营养物质吸收到自己体内。最终幼虫细胞全被新细胞取代,这些新细胞又重新排列组合成蛾子。大部分生命的形成过程就是如此,由基因编码中直接影响外表的特定指令控制。

　　人体的变态过程大体相同,但多了新内容。首先,我们身体的变化过程是逐步完成的,并伴随我们一生。其次,发号指令的不仅仅是基因,我们的大脑,也就是思想和想法,也几乎能让我们自己和他人脱胎换骨。

信仰、埋葬和永生

我完全相信未来的实际情况远比我们想象的惊人。

现在,我怀疑,宇宙不仅比我们能猜想到的要奇特,而且它的奇特是我们远远猜不到的。

——霍尔丹(J. B. S. Haldane),

《可能的世界》(*Possible Worlds*)

在我们家,宗教和飞杆钓鱼之间没有明确的界限。

——麦克莱恩(Norman McLean),

《大河恋》(*A River Runs Through It*)

你我可能会认为我们人类是一种有着独特基因的物种,我们的确是独特的,因为所有物种都是独一无二的。我们的 DNA 真正糅合了所有动物的基因。这种糅合可以从许多不同的方面一直追溯到生命初期的共同根源。距离我们最近的共同根源之一来自我们的猎人祖先,我们都知道,他们的技术和知识对循环利用动物尸体十分重要。这些动物活着的时候难以对付,因此猎人必须对它们很了解才能快速地捉到它们。而这种了解让我们变得富有同情心了。我们发现,当我们用长矛和弓箭插入动物身体的时候,被我们称作"生命"的这份珍贵且神秘的馈赠可能会突然消失。一条生命,外表看上去没有什么变化,为什么说死就死了? 在那个时候,我们对生命所知甚少,却对死后充满了幻想,这种无知与信仰的程度比任何时代的都深。"它"从哪儿来? 又要到哪儿去? 为什么会这样? 于是我们创造关于人类诞生的神话传说,以此来阐释人的生命与命运,解释人与人、人与大地之间的关系,这些传说培养了我们的道德观念。当时的我们缺乏编故事的知识,但这些传说所根植的信仰经久不衰。借助比喻,我们利用我们所熟知的事物来解释陌生的事物。要想比喻看上去真实,就需要比喻能触及人类生存的真相,如果比喻让人们感到高兴,那么人们就会乐于接受它。

古埃及人认为蜣螂(可能是 *Scarabaeus sacer*)代表的是赫普尔(Khepri),一只在清晨把太阳神拉(Ra)推往天空的"圣甲虫"。拉被认为是一切生命的创造者,每天在一片虚无中创造着生命,跨越天际,夜里又回归虚无,来到地狱。数百万埃及人制作圣甲虫模型当作护身符,人们也会在木乃伊的心脏位置摆上一只圣甲虫模型,帮他走上死后旅程。《亡灵书》(Books of the Dead),古埃及人称之为《来日之书》(Books of Coming Forth by Day),这些写着象形文字并配有人、动物、魔鬼和神的插图的莎草纸古手卷里,记载着去往来世的更多指引。这些书卷和木乃伊胸口的圣甲虫一起,引导逝者的灵魂继续享受尘世的欢愉。

《亡灵书》中细节保存最好的一段文字是关于一个叫作阿尼(Ani)的人,他生活在公元前 1275 年的拉美西斯二世(Rameses Ⅱ)时期。我们看见阿尼和妻子屈身跪在神的面前,狼首人身的阿努比斯(Anubis)神正在称量他的心脏,埃及人认为心脏是智慧和灵魂所在。阿尼的灵魂奉神旨与心脏进行对话。秤的另一端放着真理之羽,用来称重。鹭首人身的智慧之神托特(Toth)记录判决结果。"吞噬者"阿密特(Ammit,鳄鱼头、狮子河马身的吓人怪物)等待着称重的结果,它将决定阿尼的灵魂哈（Ha）能否在每天去往太阳神拉的旅途中继续世俗的享乐。哈每天结束白天的旅程后，晚上会回到木乃伊体内。如果称重阿尼心脏的天平的指针指向了有罪，阿密特就会吞下他的灵魂。古埃及人相信自己能影响神，他们必须遵守规则、惯例和传统才能获有永生。正是因为这种信念之坚定，埃及人才建成了金字塔，有权有势的人修建金字塔为自己的后世生活作准备。但正如古希腊历史学家希罗多德（Herodotus）所说，对于为了成全他人的来世而被奴役建造金字塔的普通大众来说，金字塔意味着恐惧。

我们现在不再相信来世的传说，一部分原因是我们知道了这只是富人剥削穷人的骗局。我们希望所有人都享受同等的机会和幸福。可问题是世界上有这么多宗教，理论上每一个别教的信仰者对本教的人来说都是异教徒。大部分信徒都意识到了这个严重的问题，传统的应对措施是让"异教徒"皈依本门，如果皈依不成那就采取强制措施。

正如其他文明一样，古埃及人对永生的想法也和宗教有关。在当时，这种想法包括相信宇宙循环，这是当时环境限制造成的，其中通常会涉及对大型食腐鸟类的崇拜，直到今天，有的地方仍然保留这种崇拜。生活在加拿大不列颠哥伦比亚省王国村的 Tsawataineuk 部落的人认为，酋长死后灵魂会以渡鸦的形态回到村子里。正如在本书的开篇，我的朋友写给我的那封信中说的那样，渡鸦仍然是来世的重要象征。收到那封信后，另一个朋友告诉我，他正在想法子死后让渡鸦吃掉自己的尸体："我打算火葬，然后把骨灰夹在汉堡里喂鸟。"在古埃及人的信仰中，代表母亲的女神穆特（Mut）就是秃鹫的形象，她负责超度人到另一个世界重生。不过，滚粪球的蜣螂在人们对来生的信仰中扮演着更为重要的角色。蜣螂的生命周期证明了在自然世界中来生是真实存在的，它们也给人们提供了为来生作准备的范本。

之前我说过，蜣螂把自己埋进土里繁衍后代。种地或耕地的人可能会挖到外表看来毫无生命迹象的蛹,周围是腿和其他身体部分留下的清晰印痕。人们看不到内脏,只能看到包裹在外壳下看起来没有生命的身体,壳里还有一些为变态以后的甲虫准备的食物。那时候的人们,也会像今天的人们一样,会在某一天看到一只甲虫——一个闪亮的新生命——冲破表面看来奄奄一息的蛹,破土而出,然后飞走了。他们会发现刚出现的这只甲虫真的和一年前钻进土里的那只(外表)"一模一样"。古埃及人认为这种甲虫只有一种性别,该想法必然衍生自"生者是直接从死者转生而来的"这一信念。

一个有财力和能力修建寺庙和金字塔、制作精美布料、重视文化教育的文明,一个把动物当作神、信仰的力量足够强大到引诱人们修建金字塔守护来世的文明,一定研究过蜣螂,知道它们的某些习性和生命周期。古埃及人想要了解这些和实现转生有关的动物。

古埃及人将数量惊人的自然事件融入他们的创世故事,可他们全都理解错了,这些神话的细节经受不住仔细推敲。今天,我们掌握了有关蜣螂的更多新的知识,我们正在谱写新的创世神话。我们再也不用为了实现永生而把尸体绑成圣甲虫蛹的样子,在密封的暗室里准备食物,修建接通暗室的长长的隧道(正如圣甲虫挖洞那样),让最终苏醒的亡灵可以经此出入,尽情飞舞嬉戏。

古埃及人对遗体循环能实现永生的信仰让人印象深刻,但和其他古人比,想象力仍略逊一筹,不过其他古人们对大自然浮华耀眼的外表下所上演的一切同样一无所知。我们所知的第一个建起复杂的城市结构、进行集中性活动的文明起源于 2000 多年前的伊朗。当地居民在定居城市以前,是住在村子里的猎人。他们很可能崇拜秃鹫、渡鸦、鹰和鹤,就算不是崇拜,至少也是对这些大鸟印象深刻。秃鹫和鹰一定吃了在村子的垃圾堆里找到的动物尸体。显然,这些鸟的形象具有象征意义,在庆祝和祭奠生死的仪式上,人们表演祭祀舞时会用到它们的翅膀。距今 5000—4000 年的新石器时代,位于安纳托利亚半岛的加泰土丘的壁画上,描绘着一只和真鸟大小相当的长着颈羽的短颈秃鹫(可能是 *Aegypius monachus*)*,它正吃着一具无头尸体。在现场进行挖掘的人类学家梅拉特(James Mellaart)认为,这幅壁画是"埋葬存在的证据"。另一幅壁画描绘了叼着人体部位的兀鹫(*Gyps fulvus*)。先民的住所遗址被发现有人的头骨,有时还能发现成堆的不完整骨骼。当时的人是不是故意把尸体放在某个地方供秃鹫吃呢?如果是这样的话,秃鹫就可能把肉吃了,只留下头骨和其他一些骨头,也许就是那些埋在古民居下的尸骨。在杰利科发现的头骨中,眼窝的位置有用黏土粘住的贝壳,这也许是用来纪念逝者的。

在加泰土丘的另一幅壁画上,一个男子举着不知名的东西在头上挥舞着。梅拉特认为这名男子正在试图把秃鹫赶走。但是两位秃鹫专家舒尔茨(Ernst Schüz)和柯尼希(Claus König)猜测,这个人是在吸引秃鹫。他们的这种假设源自在西藏发现的习俗。德国探险家舍费尔(Ernst Schäfer)是最早进入西藏的欧洲人之一,他在 1938 年记录到,西藏的秃鹫已经形成了习惯,只要天葬师——职业分尸人——挥动绳索,秃鹫就会凑上去,随后天葬师会把尸块分给秃鹫,让它们尽快把尸体处理干净。秃鹫把尸块食尽之后,分尸人会回来把骨头砸碎,直到尸体几乎一点都不剩。天葬是一种方便、快速又便宜的尸体处理方法,天葬以后人们可以很自然地把有关来世的思想融入仪式和宗教习俗中。

在空中翱翔的秃鹫、渡鸦和鹰最终会变成一个小黑点并从我们的视野中消失。因此,当这些大鸟张开巨大的羽翼,乘着呼啸的风从天空绕着大圈盘旋而下,再带着逝者的遗体离开时,人们有理由相信它们从灵魂世界而来,又将带着重要的东西返回灵魂的家园。

---

* *Aegypius monachus* 中文学名就叫"秃鹫"。——译者

　　大部分人都想尽可能长时间地呆在这个有形世界中,我们希望有可以相信的来生。对来世信念的力量取决于我们所掌握的知识。很少有人会问我们所熟知的周围世界的本质是什么。现代科学显示,我们越是尝试了解这个有形的世界,它就越是神秘得让人捉摸不透。大部分人都能有意识地注意到我们和生物世界的直接联系,以及这些联系又是如何把我们和历史、时间联系起来的。正如物理学家霍金(Stephen W. Hawking)在《时间简史》(A Brief History of Time)中所写的那样,自从爱因斯坦在1905年质疑了绝对时间的概念以后,我们只剩下对空间的一种模糊的概念。时间影响着全部空间和一切物质,我们却不知道时间的真正含义。在物理学家眼中,宇宙是"弯曲的",既没有头也没有尾。因此,探寻宇宙大爆炸以前发生了什么是毫无意义的,因为,正如霍金所说的那样:"就像你问北极以北是什么一样。"

　　关于世间万物,我们所知甚少,这使得我们对人与世界的联系的认知落入了形而上学的范畴。当今科学证实了这种神秘联系的存在。赵(Adrian Cho)在2011年5月4日出版的《科学》(Science)上发表的一篇评论写到,美国国家航空航天局(NASA)的一次耗资7.6亿美元的太空任务证实了爱因斯坦的广义相对论,"该理论提出引力是由质量引起的时空弯曲产生的"。明白了吗? 我觉得我明白了: 也就是说,我们认为宇宙就是时间作用的结果,可我们还并不了解时间、质量、空间或引力。然而正是前面这些要素造就了我们,我们也是它们的一部分。说到这层深度的话,大自然还真是很难捉摸了: 我们和大自然有着千丝万缕的联系,远比我们看到的要多,也比利用千万亿大脑神经元所构想的要复杂。我们总是相信我们愿意相信的并认为它是"对的",对享乐和满足的渴望是我们的天性。我尽量不浇灭这种热情。但我不能否定我们所熟悉的这个世界可能存在其他维度,这个世界之外可能还有另一个世界。如果这是真的,我离世时就应该庆祝新生,而不是缅怀终结。就算事实不是如此,那我也什么都没失去,反而赚了。

正如时空连接着宇宙,组成人体的分子让人类连接着过去那场恒星大爆炸,人与宇宙的关系,就如同人与地球生物圈以及人与人之间的关系一样。从根本上来说,我们就像是自行车轮胎的辐条,或者是汽车的化油器。把人比作地球生态系统的一部分绝非信仰,而是在陈述事实。我们是神奇的生态系统中的一粒微尘,是浩瀚无际的宇宙中微不足道的一分子。生命自降生之初将它从地球上逐渐"学到"的东西刻印在基因中,然后不断传承下去,直至天荒地老,而我们只是其中的一部分。

除了这些明显的物理学和生物学联系以外,人类的发展还会受到逝去故人的影响。其他动物也一样,但这一点在人类身上表现得更明显,因为从某种程度上讲,我们可以有意识地选择继承的轨道。从我们的个人经历和认知科学的理论可以得知,我们是由经历和记忆塑造而成的。人就像是一首由各种经历组成的交响乐。几乎在每个人生转折点或人生方向转变的背后,我都受到了某位导师的影响——他们关心我,就像我的亲人一样,他们帮助我开拓眼界,塑造我的灵魂。

练赛跑的第一年,我还是缅因州古德维尔学校的低年级生,成绩平平。但到了高年级,我的赛跑成绩突飞猛进。那一年的第一场运动会,我们遇到了阵容庞大的沃特维尔校队,以前我们曾和该校的二队较量过,可这一次上场的是主力队伍。我的胜利使得全队大胜沃特维尔。在第二场对韦纳尔黑文校队的比赛中我一直保持领先,我们再一次在比赛中彻底打败对手。在接下来的 7 场运动会中我总是第一个报名参赛的。这怎么可能会发生呢?中间那几年我到底发生了什么?我想答案是:我再也不是以前的贝恩德·海因里希了。我的身体已经不是我自己的了,现在里面住着一个叫作"左撇子"·古尔德("Lefty" Gould)的灵魂。

左撇子是辛克利镇上只有一间屋子的邮局的局长。我每天两次从学校拿着牛皮袋子装的信件去找他。他从我手里接过牛皮袋子，把要寄的信拿出去，再把收到的信塞进来，然后我再把袋子送回学校的行政楼。对于左撇子来说，我不算是个坏学生，尽管我跑得不咋快，总是挑舍监阿姨的刺儿，往水塔的墙上泼红漆，分数差，还有一次被赶了出去。他每次都站在我这一边，他知道我就是喜欢奔跑。可是他自己连走路都困难。我每次去邮局，他就靠在窗户檐上和我交换信件，他和我说话的口气让我觉得受到了尊重。我觉得在他眼里我就是一个遭受不公平待遇的弱者，就像他一样，虽然他从来没有这样表达过。左撇子告诉我他差点就成了次中量级拳击比赛的世界冠军，我对此毫不怀疑。他还说他曾经一分钟能做多少俯卧撑，每天能跑多少千米。可是时运不济，他参军入伍后，服役于欧洲和北非战场作战的空军第八十二空降师，在一场战斗中他的一条腿差点被炸没了。后来，他的腿被最大程度的保留了下来（被俘期间被一位德国医生救治），尽管浑身上下植入了金属，但仍可以勉强行走，这简直是奇迹。他向我描述他的参战经历的同时，汗珠从额前滚落。我不敢相信他居然把这一切都告诉了我！为了向左撇子证明自己，我开始更卖力地奔跑，我跑得更快、更远，无论多辛苦。他也许永远都不会知道，甚至都不会怀疑，他的一部分精神在他死后延续了下来。可确实如此。他对我的信任和教导是我从他那儿继承来的一份遗产。我赢得的每一场比赛，我打破的每一项纪录，都是因为高中最后那一年。通过和左撇子建立的纽带，左撇子无意识地我为插上了翅膀，给我指明了通往大学和新世界的方向。

我们在与他人建立关系中对他人产生影响，最常见的是父母或者是和我们亲近的人。我们被给予了许多，但也必须主动接受。我父亲希望我能继承他毕生的事业，继续收集姬蜂标本。我当时做这个工作好像只是为了延续他的人生，而我对此并不真的感兴趣。可我的身上还是有许多他的影子。他赋予我对大自然真挚的热爱,过去我所做的全部工作以及此时此刻正在撰写这本书,就是这份爱的体现。我无数次跟着父亲进入丛林和田地寻找姬蜂,倾听他的故事,在遥远的异国土地上追逐珍稀鸟类,他还带着我在非洲的灌木丛和热带丛林待过一年,我现在和过去所做的一切都是源于这些经历。尽管没有成为姬蜂科分类学家让父亲失望了,但不论有意还是无意,我都接受了他给我的东西。

越是回想这一切,我越是能发现一个最明显的道理。塑造我们的不仅仅是基因,还有思想。从某种程度来说,我的体型、线粒体的载氧功能、大脑里的物理回路,还有促使我行动的化学物质,都受到了别人的思想和想法的影响。思想对我们的影响是持久的,正如地震、干旱、雨水、阳光和其他自然现象给我们带来的影响一样。

春天,积雪经过阳光一天的照射后,在路面结了一层薄薄的冰,我在上面走着。渡鸦飞进高耸的松林,用刚掉下来的杨树枝筑巢,在里面铺一层鹿毛,然后产下蓝绿色的蛋。雪化了以后,一簇簇花儿——白紫相间的延龄草,天蓝的地钱,黄色、蓝色和白色的紫罗兰,还有雪白的星形花——匆匆绽放,又匆匆凋谢了。灶巢鸟报晓,隐居鸫在黄昏时分啼叫,丘鹬在晴空中跳舞,大林鸮从树林深处发出粗哑的嚎叫。夏天,北美黑条黄凤蝶开始在树林间穿梭,毛茸茸的熊蜂在田间的秋麒麟草丛里飞舞。秋天,红神带我寻找发情的白尾鹿。我期待着落雪后银装素裹下的寂静世界,把一切都封印了的白雪成了小个头的鼩鼱和强壮有力的驼鹿的画板。长着红色和亮黄色羽冠的戴菊鸟与鸫嬉闹着,褐旋木雀和山雀轻快地在红杉间掠过,每当暴风雪铺天盖地地袭来,呼啸的寒风抽打着树枝时,这里就是它们的庇护所。所有这一切——这些丰富的生命——都在这里,我见证着并记住了这一切,自己也成为其中的一部分。你无法与自然抗争。它是所有活着的生命的首要生存环境。

想要给我朋友信中的问题一个合适的答案不是一件容易的事。我可不能大老远地把老友的尸体弄来,拖进冬天的森林,脱光衣服扔给乌鸦们——它们可能几个礼拜都不露面。再说,法律对怎么办葬礼是有规定的,这么做可能不合法。因此,我可以问心无愧地拒绝他的请求。但我朋友有一点说对了:还有什么比死亡更好的机会呢?与其说它神化了生命的终点,倒不如说是在庆祝新的开始。还有什么是比葬礼更合适的、用来确认我们所知、所见和所感的世界的场合呢?我没法回答他的问题,到底该怎么做困扰着我。

今天,一场标准的商业葬礼应该是这样的:一丝不挂的遗体被安放在不锈钢桌上,尸体防腐员把血抽干,然后往遗体内注射一种剧毒的化学物质——甲醛,用来防腐。之后遗体被放入金属棺材,再像处理垃圾填埋场的有毒垃圾那样被封起来,以防止甲醛泄漏。之后,"它"会和其他数以百万计的棺材一同被安葬。每年埋葬用地的面积都在增加,墓地种的植物大都是不能开花的,只种着被修剪过的草,有时也会有人带来在温室栽培和采摘的花朵。仅在美国,22 500 个正在运营的墓地中所进行的葬礼每年要消耗 7 万立方米硬木木材,超过 100 000 吨不锈钢,1600 吨钢筋混凝土和将近 400 万升尸体防腐剂。

火葬曾经是一种绝佳的发丧方式。我们可以想象,庄重的火葬仪式就在森林边上或森林里面举办,在这里有大量现成的木材。逝者的骨灰被收集起来放进一个罐子里下葬。然而,现代火葬既不是一场仪式,也不尊重我们的生态环境。那更像一种处置方式。火化尸体排放的有毒化学物质不计其数,全世界排放的二噁英和呋喃中 0.2% 来自工业火葬场,这也使其成了欧洲空气中的汞元素的第二大来源地。据估计,北美每年用来焚化尸体的化石燃料够一辆汽车去月球 80 多次。因此,如今的火葬是一种价格昂贵的处理方式。相比之下,"自然"或"绿色"葬礼更私密、自然和便宜,因此正在越来越受到认可和欢迎。(如果你对绿色葬礼感兴趣,可以上网搜索最新信息。)

我们不承认自己是动物,否认我们是生命轮回和食物链的一部分。我们否认自己是其他动物的食物,并且试着改变这一点,尽管我们捕杀和消耗了数十亿只动物,许多动物因此而永久灭绝。我们不允许任何一种动物以我们为食,即使是我们死后也不行。更别提蛆虫了。人类需要谱写新的创世神话,来改变人与自然以及人与其他动物之间的关系,这样的改变并非为了让我们的身份更丰富,而是使我们的身份更真实。自然、宗教和科学在真相面前达成了一致:不仅人与人之间存在亲缘关系,人与山脉、草原、海洋和森林之间同样存在这种关系。我指的是基于全人类都同意的真相的信仰,它已经超越了个人的生死。

· · ·

我会如何计划我的葬礼呢?我连下一秒该怎么度过都难以计划,更别提几十年后了。有的时候比起自己想要什么,我更清楚不想要什么。我肯定不会使用甲醛,这个东西可是杀虫剂,不仅现在对我身体有害,我死后也一样。不过他们可以把我的器官取走,不管是男人、女人、小孩,还是拉布拉多寻回犬,只要有需要,就可以移植我身体的一部分。要是没有人需要移植器官,那就把我的心脏喂渡鸦,它们也给了我很多帮助。至于葬礼的话就在树林里,规模不大,几瓶啤酒、一把班卓琴、一两把吉他足以。我希望临别的时候,身边有半瓶苏格兰威士忌,朋友们吟唱着"*The Maine Stein Song*"*,发言的人代我点头致意,以表达对左撇子的感激之情。我还留着高中时穿的那双破烂跑鞋,这双鞋曾经带着我进入到了我未曾想到的地方。穿着这双鞋子上路就挺好,然后把我放进松木棺材,葬在树下就行了。

在写这本书的同时,我不由自主地开始思考我的来处和命运。在

---

* 缅因州立大学校歌。——译者

思考自己所属于的某个比自身更宽的范畴时，我过去最多能想到生态系统。现代技术的发展让我们的意识范围发生了翻天覆地的扩展，由此，我认为人类的感知和观测范围已经覆盖整个地球的生态圈。我们在日常生活中接触到的事实已经不是局限于社区，而是拓展至整个世界。大自然是衡量事实的最终标准。就目前的发现来看，世界就像是一整个生命体，它的各个部分都没有真正彼此独立。我想将自己与宇宙中最广阔、最宏大、最真实和最壮美的东西联系在一起：那就是地球上的自然生命。我想要加入地球上最为盛大的狂欢盛宴：生命的涅槃。

致　谢

　　对于我来说,写书就像是进入未知世界的冒险之旅。这段旅程始于熟悉之处,始于经验和工作的积累,始于无数过去和现在的生命的影响。我可能无法正式感谢所有(帮助过我)的人。我一直担心会忘记或没有正式感谢那些给我提供新的建设性意见和信息的人。我所能做的最大努力就是记住近期和我谈过话的人。这些人包括:帮我解答了很多埋葬虫相关问题的特朗博(Stephen T. Trumbo)、赛克斯(Derek S. Sikes)、艾伯特(John C. Abbott)和牛顿(Alfred Newton),帮我解答白蚁相关问题的索恩(Barbara Thorne)、谢夫拉恩(Rudolf Scheffrahn)和布洛迪(Alison Brody),建议本书加入鲑鱼章节并带我去阿拉斯加一同观察鲑鱼的罗森伯格(Beth Rosenberg)和格里芬(Tom Griffin)。我还要感谢埃德米兹(Baz Edmeades)把我对于古代食腐动物的观点引入新的方向。在现代伐木业的背景下的树木循环问题上,斯莫克(Rachel Smolker)同样给了我启发。埃斯蒂斯(Richard Estes)给了我关于非洲野生动物的看法。乔丹(William Jordan)和卡希尔(Janice Cahill)为我指出引文并提出了有益的建议。感谢迪杰斯特拉(Sandra Dijkstra)和卡普隆(Elise Capron)对我的这本书抱有兴趣,以及一直以来给我的鼓励,还有安德森(Peg Anderson)对细节的关注和深刻见解为我的写作铺平了道路。最后我还要对一个最重要的人表达我最真挚的感谢,她就是乌尔米(Deanne Urmy),她是第一位读过本书的人,并且在成书过程中提供了许多良言妙计。

拓展阅读

以下许多文献是任意选取的,特别是有些文章并非原始研究论文。我无意对相关文献展开调查,因为文献多得数以千计。相反,我希望通过一个长度适当的列表,来介绍书中主题,列表中的文献我认为是有用且有趣的。

埋葬小鼠的甲虫

埋葬虫的普通生物学

Fetherston, I. A., M. P. Scott, and J. F. A. Traniello. Parental care in burying beetles: the organization of male and female brood-care behavior. *Ethology* 85 (1990): 177 – 190.

Majka, C. G. The Silphidae (Coleoptera) of the Maritime Provinces of Canada. *Journal of the Acadian Entomological Society* 7 (2011): 83 – 101.

Milne, L. J., and M. J. Milne. Notes on the behavior of burying beetles (*Nicrophorus* spp.). *Journal of the New York Entomological Society* 52 (1944): 311 – 327.

———. The social behavior of burying beetles. *Scientific American* 235 (1976): 84 – 89.

Scott, M. P. Competition with flies promotes communal breeding in the burying beetle, *Nicrophorus tomentosus*. *Behavioral Ecology and Sociobiology* 34, no.5 (1994): 367 – 373.

———. Reproductive dominance and differential avicide in the communally breeding burying beetle, *Nicrophorus tomentosus*. *Behavioral Ecology and Sociobiology* 40, no.5 (1997): 313 – 320.

———. The ecology and behavior of burying beetles. *Annual Review of Entomology* 43 (1998): 595 – 618.

Sikes, D. S., S. T. Trumbo, and S. B. Peck. Silphidae: large carrion and burying beetles. Tree of Life Web Project, http://tolweb.org (2005).

Trumbo, S. T. Regulation of brood size in a burying beetle, *Nicropho-rus tomentosus* (Silphidae). *Journal of Insect Behavior* 3 (1990): 491 – 500.

———. Reproductive benefits and duration of parental care in a biparental burying beetle, *Nicrophorus orbicollis*. *Behaviour* 117 (1991): 82 – 105.

昆虫飞行力学和甲虫的飞行

Dudley, R. *The Biomechanics of Insect Flight*. Princeton, N. J.: Princeton

University Press, 2000.

Schneider, P. Die Flugtypen der Käfer (Coleoptera). *Entomologica Germanica* 1, nos. 3/4 (1975): 222 – 231.

生物色彩和拟态

Anderson, T., and A. J. Richards. An electron microscope study of the structural colors of insects. *Journal of Applied Physiology* 13 (1942): 748 – 758.

Bagnara, J. *Chromatophores and Color Change.* Upper Saddle River, N. J.: Prentice-Hall, 1973.

Brower, L. P., J. V. Z. Brower, and P. W. Wescott. Experimental studies of mimicry, V: The reactions of toads (*Bufo terrestris*) to bumblebees (*Bombus americanum*) and their robberfly mimics (*Mallophora bomboides*) with a discussion of aggressive mimicry. *American Naturalist* 94 (1960): 343 – 355.

Cott, E. *Adaptive Colouration in Animals.* London: Methuen, 1940. Evans, D. L., and G. P. Waldbauer. Behavior of adult and naïve birds when presented with a bumblebee and its mimics. *Zeitschrift für Tierpsychologie* 59 (1982): 247 – 259.

Fisher, R. M., and R. D. Tuckerman. Mimicry of bumble bees and cuckoo bees by carrion beetles (Coleoptera: Silphidae). *Journal of the Kansas Entomological Society* 59 (1986): 20 – 25.

Heinrich, B. A novel instant color change in a beetle, *Microphorus tomentosus* Weber (Coleoptera: Silphidae). *Northeastern Naturalist* (in press).

Hinton, H. E., and G. M. Jarman. Physiological color change in the Hercules beetle. *Nature* 238 (1972): 160 – 161.

Lane, C., and M. A. Rothschild. A case of Muellerian mimicry of sound. *Proceedings of the Royal Entomological Society London A* 40 (1965): 156 – 158.

Prum, R. O., T. Quinn, and R. H. Torres. Anatomically diverse butterfly scales all produce structural colors by coherent scattering. *Journal of Experimental Biology* 209 (2006): 748 – 765.

Ruxton, G. D., T. N. Sherrett, and M. P. Speed. *Avoiding Attack : The Evolutionary Ecology of Crypsis, Warning Signals, and Mimicry.* New York: Oxford University Press, 2005.

Wickler, W. *Mimicry in Plants and Animals.* New York: McGraw-Hill, 1968.

熊蜂的色彩模式

Heinrich, B. *Bumblebee Economics.* Cambridge: Harvard University Press, 1979; rev. ed., 2004.

Marshall, S. A. *Insects: Their Natural History and Diversity.* Buffalo, N.Y.: Firefly Books, 2006. On insects in general, I particularly recommend this book.

Plowright, R. C., and R. E. Owen. The evolutionary significance of bumblebee color patterns: a mimetic interpretation. *Evolution* 34 (1980): 622 – 637.

为鹿发丧
法医昆虫学

Byrd, J. H., and J. L. Castner. *Forensic Entomology: The Utility of Arthropods in Legal Investigation*. Boca Raton, Fla.: CRC Press, 2001.

Dekeirsschieter, J., et al. Carrion beetles visiting pig carcasses during early spring in urban, forest and agricultural biotopes of Western Europe. *Journal of Insect Science* 11, no.73 (2011).

最终的回收者——重塑世界
非洲

Akeley, Carl. *In Brightest Africa*. Garden City, N.Y.: Doubleday, Page, 1923.

Huxley, Elspeth. *The Mottled Lizard*. London: Chatto & Windus, 1982. van der Post, Laurens. *The Lost World of the Kalahari*. Middlesex, England: Penguin, 1958.

Roosevelt, Theodore. *African Game Trails*. New York: Charles Scribner's Sons, 1910.

Thomas, Elizabeth Marshall. *The Old Way: A Story of the First People*. New York: Picador, 2006.

大象

Joubert, Derek, and Beverly Joubert. *Elephants of Savuti*. National Geographic film.

Leuthold, W. Recovery of woody vegetation in Tsavo National Park, Kenya, 1970 – 1994. *African Journal of Ecology* 34, no.2 (2008): 101 – 112.

Power, R. J., and R. X. S. Camion. Lion predation on elephants in the Savuti, Chobe National Park, Botswana. *African Zoology* 44 (2009): 36 – 44.

狩猎

Digby, Bassett. *The Mammoth and Mammoth Hunting in Northeast Siberia*. New York: Appleton, 1926.

Heinrich, B. *Why We Run: A Natural History*. New York: HarperCollins, 2001.

Jablonski, N. G. The naked truth. *Scientific American*, Feb. 2010: 42 – 49.

Lieberman, Daniel E., and Dennis M. Bramble. The evolution of marathon running: capabilities in humans. *Sports Medicine* 37 (2007): 288 – 290.

Peterson, Roger T., and James Fisher. *Wild America*. Boston: Houghton Mifflin, 1955.

Potts, Richard. *Early Hominid Activities at Olduvai*. New Brunswick, N. J.: Transaction Publishers, 1988.

Stanford, Craig B. *The Hunting Apes: Meat Eating and the Origins of Human Behavior*. Princeton, N.J.: Princeton University Press, 1999.

捕食

Darwin, Charles. "Diary of the Voyage of the H. M. S. Beagle." In *The Life and Letters of Charles Darwin*, ed. Francis Darwin. London: D. Appleton, 1887.

Schaller, George B. *Serengeti Lion: A Study of Predator-Prey Relations*. Chicago: University of Chicago Press, 1972.

Schaller, George G. and Gordon R. Lowther. The relevance of carnivore behavior to the study of early hominids. *Southwestern Journal of Anthropology* 25 (1969): 307-41.

Schüle, Wilhelm. Mammals, vegetation and the initial human settlement of the Mediterranean islands: a palaeological approach. *Journal of Biogeography* 20 (1993): 399-412.

Stolzenberg, William. *Where the Wild Things Were: Life, Death, and Ecological Wreckage in a Land of Vanishing Predators*. New York: Bloomsbury, 2008.

Strum, Shirley C. Processes and products of change: baboon predatory behavior at Gilgil, Kenya. In *Omnivorous Primates*, ed. R. S. O. Harding and G. Teleki. New York: Columbia University Press, 1981.

武器

Guthrie, R. Dale. *The Nature of Paleolithic Art*. Chicago: University of Chicago Press, 2005.

Lepre, C. J., et al. An earlier origin for the Acheulian. *Nature* 477 (2011): 82-85.

Thieme, Hartmund. Lower Paleolithic hunting spears in Germany. *Nature* 385 (1997): 807-810.

过度杀戮假说

Edmeades, Baz. *Megafauna — First Victims of the Human-Caused Extinctions* (www.megafauna.com, 2011). See chapter 13 for the debate about human scavenging and hunting, including the hunting of elephants.

Fiedel, Stuart, and Gary Haynes. A premature burial: comments on Grayson and Meltzer's "Requiem for overkill." *Journal of Archaeological Science* 31 (2004): 121-131.

Martin, P. S. Prehistoric overkill. In *Pleistocene Extinctions: The Search for a Cause*, ed. P. S. Martin and H. E. Wright. New Haven: Yale University Press, 1967.

———. Prehistoric overkill: a global model. In *Quaternary Extinctions: A Prehistoric Revolution*, ed. P. S. Martin and R. G. Klein. Tucson: University of Arizona Press, 1989, pp.354-404.

Surovell, T. A., N. M. Waguespack, and P. J. Brantingham. Global evidence for proboscidean overkill. *Proceedings of the National Academy of Sciences* 102 (2005): 6231 – 6336.

北方的冬天——为了鸟儿
对渡鸦的评论

Boarman, B., and B. Heinrich. Common raven (*Corvus corax*). In *Birds of North America*, no. 476, ed. A. Poole and F. Gill, pp. 1 – 32. Philadelphia: Academy of Natural Sciences, 1999.

Heinrich, B. Sociobiology of ravens: conflict and cooperation. *Sitzungberichte der Gesellschaft Naturforschender Freunde zu Berlin* 37 (1999): 13 – 22.

———. Conflict, cooperation and cognition in the common raven. *Advances in the Study of Behavior* 42 (2011).

渡鸦清理尸体

Heinrich, B. Dominance and weight-changes in the common raven, *Corvus corax*. *Animal Behaviour* 48 (1994): 1463 – 1465.

———. Winter foraging at carcasses by three sympatric corvids, with emphasis on recruitment by the raven, *Corvus corax*. *Behavioral Ecology and Sociobiology* 23 (1988): 141 – 156.

Heinrich, B., et al. Dispersal and association among a "flock" of common ravens, *Corvus corax*. *The Condor* 96 (1994): 545 – 551.

Heinrich, B., J. Marzluff, and W. Adams. Fear and food recognition in naive common ravens. *The Auk* 112, no. 2 (1996): 499 – 503.

Heinrich, B., and J. Pepper. Influence of competitions on caching behavior in the common raven, *Corvus corax*. *Animal Behaviour* 56 (1998): 1083 – 1090.

Marzluff, J. M., and B. Heinrich. Foraging by common ravens in the presence and absence of territory holders: an experimental analysis of social foraging. *Animal Behaviour* 42 (1991): 755 – 770.

Marzluff, J. M., B. Heinrich, and C. S. Marzluff. Roosts are mobile information centers. *Animal Behaviour* 51 (1996): 89 – 103.

渡鸦的智力、认知能力和交流能力

Bugnyar, T., and B. Heinrich. Hiding in food-caching ravens, *Corvus corax*. *Review of Ethology*, Suppl. 5 (2003): 57.

———. Food-storing ravens, *Corvus corax*, differentiate between knowledgeable and ignorant competitors. *Proceedings of the Royal Society London B* 272 (2005): 1641 – 1646.

———. Pilfering ravens, *Corvus corax*, adjust their behaviour to social context and identity of competitors. *Animal Cognition* 9 (2006): 369 - 376.

Bugnyar, T., M. Stoewe, and B. Heinrich. Ravens, *Corvus corax*, follow gaze direction of humans around obstacles. *Proceedings of the Royal Society London B* 271 (2004): 1331 - 1336.

————. The ontogeny of caching behaviour in ravens, *Corvus corax. Animal Behaviour* 74 (2007): 757 - 767.

Heinrich, B. Does the early bird get (and show) the meat? *The Auk* 111 (1994): 764 - 769.

————. Neophilia and exploration in juvenile common ravens, *Corvus corax. Animal Behaviour* 50 (1995): 695 - 704.

————. An experimental investigation of insight in common ravens, *Corvus corax. The Auk* 112 (1995): 994 - 1003.

————. Planning to facilitate caching: possible suet cutting by a common raven. *Wilson Bulletin* 111 (1999): 276 - 278.

Heinrich, B., and T. Bugnyar. Testing problem solving in ravens: string-pulling to reach food. *Ethology* 111 (2005): 962 - 976.

————. Just how smart are ravens? *Scientific American* 296, no. 4 (2007): 64 - 71.

Heinrich, B., and J. M. Marzluff. Do common ravens yell because they want to attract others? *Behavioral Ecology and Sociobiology* 28 (1991): 13 - 21.

Heinrich, B., J. M. Marzluff, and C. S. Marzluff. Ravens are attracted to the appeasement calls of discoverers when they are attacked at defended food. *The Auk* 110 (1993): 247 - 254.

Parker, P. G., et al. Do common ravens share food bonanzas with kin? DNA fingerprinting evidence. *Animal Behaviour* 48 (1994): 1085 - 1093.

渡鸦和狼

Stahler, D. R., B. Heinrich, and D. W. Smith. The raven's behavioral association with wolves. *Animal Behaviour* 64 (2002): 283 - 290.

秃鹫群

Wilbur, S. R., and J. A. Jackson, eds. *Vulture Biology and Management.* Berkeley: University of California Press, 1983. This volume, with forty contributors, is the last word on vultures and is said to "embody what is known about these birds today."

秃鹫生活的环境和致命毒药

Albert, C. A., et al. Anticoagulant rodenticides in three owl species from Western Canada. *Archives of Environmental Contamination and Toxicology* 58 (2010): 451 - 459.

Layton, L. Use of potentially harmful chemicals kept secret under law. *Washington Post*, Jan. 4, 2010.

Magdoff, F., and J. B. Foster. What every environmentalist needs to know about capitalism. *Monthly Review* 61, no.10 (2010): 11 – 30.

Peterson, Roger T., and James Fisher. *Wild America*. Boston: Houghton Mifflin, 1955, p.301.

秃鹫的同类

Houston, D. C. Competition for food between Neotropical vultures in forest. *Ibis* 130, no.3 (1988): 402 – 414.

Kruuk, H. J. Competition for food between vultures in East Africa. *Ardea* 55 (1967): 171 – 193.

Lemon, W. C. Foraging behavior of a guild of Neotropical vultures. *Wilson Bulletin* 103, no.4 (1991): 698 – 702.

Wallace, M. P., and S. A. Temple. Competitive interactions within and between species in a guild of avian scavengers. *The Auk* 104 (1987): 290 – 295.

秃鹫数量减少

Gilbert, M. G., et al. Vulture restaurants and their role in reducing Diclofenec exposure in Asian vultures. *Bird Conservation International* 17 (2007): 63 – 77.

Green, R. E., et al. Diclofenac poisoning as a cause of vulture population declines across the Indian subcontinent. *Journal of Applied Ecology* 41 (2004): 793 – 800.

Markandya, A., et al. Counting the cost of vulture decline — an appraisal of human health and other benefits of vultures in India. *Ecological Economics* 67, no.2 (2008): 194 – 204.

Prakash, V., et al. Catastrophic collapse of Indian white-backed *Gyps bengalensis* and long-billed Gyps indicus vulture populations. *Biological Conservation* 19, no. 3 (2003): 381 – 390.

———. Recent changes in populations of resident *Gyps* vultures in India. *Journal of the Bombay Natural History Society* 104, no.2 (2007): 129 – 135.

Swan, G. E., et al. Toxicity of Diclofenac to Gyps vultures. *Biology Letters* 2, no.2 (2006): 279 – 282.

生命之树

蘑菇

The variety of fungi is endless, and there are numerous excellent books and guides for their identification, usually illustrated in color and with photographs. Some of my favorites, which have thousands of photographs of forty-one families of mushrooms, are the following.

Laessoe, T., A. Del Conte, and G. Lincoff. *The Mushroom Book: How to Identify,*

Gather, and Cook Wild Mushrooms and Other Fungi. New York: DK Publishing, 1996.

Phillips, R. *Mushrooms of North America*. Boston: Little, Brown, 1991. Roberts, P., and S. Evans. *The Book of Fungi: A Life-Size Guide to Six Hundred Species from Around the World*. Chicago: University of Chicago Press, 2011.

Stamets, Paul. *Mycelium Running: How Mushrooms Can Save the World*. New York: Ten Speed Press, 2005.

树木腐朽

Dreistadt, S. H., and J. K. Clark. *Pests of Landscape Trees and Shrubs: An Integrated Pest Management Guide*, 2nd ed. Davis, CA: University of California Agriculture and Natural Resources, 2004.

Hickman, G. W., and E. J. Perry. *Ten Common Wood Decay Fungi in Landscape Trees: Identification Handbook*. Sacramento: Western Chapter, ISA, 2003.

Parkin, E. A. The digestive enzymes of some wood-boring beetle larvae. *Journal of Experimental Biology* 17 (1940): 364 – 377.

Shortle, W. C., J. A. Menge, and E. B. Cowling. Interaction of bacteria, decay fungi, and live sapwood in discoloration and decay of trees. *Forest Pathology* 8 (1978): 293 – 300.

花金龟

Peter, C. I., and S. D. Johnson. Pollination by flower chafer beetles in *Eulophia ensata* and *Eulophia welwitchie* (Orchidacea). *South African Journal of Botany* 75 (2009): 762 – 770.

利用枯木

Evans, Alexander M. *Ecology of Dead Wood in the Southeast* (www.forestguild.org/SEdeadwood.htm), 2011. This scientific review, funded by the Environmental Defense Fund, includes about 200 references.

Kalm, Peter. *The America of 1750: Peter Kalm's Travels in North America*, vol. 1. Trans. from Swedish, ed. Adolph B. Benson. New York: Dover, 1937.

Kilham, L. Reproductive behavior of yellow-bellied sapsuckers. I. Preferences for nesting in *Fomes*-infected aspens and nest hole interrelations with flying squirrels, raccoons, and other animals. *Wilson Bulletin* 83, no.2 (1971): 159 – 171.

Schmidt, M. M. I. et al. Persistence of soil organic matter as an ecosystem property. *Nature* 478 (2011): 49 – 56.

食粪者

Bartholomew, G. A., and B. Heinrich. Endothermy in African dung beetles during flight, ball making, and ball rolling. *Journal of Experimental Biology* 73 (1978): 65 – 83.

Edwards, P. B., and H. H. Aschenbourn. Maternal care of a single offspring in the dung beetle *Kheper nigroaeneus*: consequences of extreme parental investment. *Journal of Natural History* 23 (1975): 17 – 27.

Hanski, Ilkka, and Yves Cambefort, eds. *Dung Beetle Ecology*. Princeton, N.J.: Princeton University Press, 1990. An overview and review of dung beetle biology by multiple authors in relation to worldwide distribution, taxonomy, ecology, and natural history.

Heinrich, B., and G. A. Bartholomew. The ecology of the African dung beetle. *Scientific American* 241, no.5 (1979): 146 – 156.

———. Roles of endothermy and size in inter- and intraspecific competition for elephant dung in an African dung beetle, *Scarabaeus laevistriatus*. *Physiological Zoology* 52 (1978): 484 – 494.

Ybarrondo, B. A., and B. Heinrich. Thermoregulation and response to competition in the African dung ball-rolling beetle *Kheper nigroaeneus* (Coleoptera: Scarabaeidae). *Physiological Zoology* 69 (1996): 35 – 48.

传播种子的大象

Campos-Arceiz, A., and S. Black. Megagardeners of the forest — the role of elephants in seed dispersal. *Acta Oecologica* (in press).

远古食腐甲虫

Chin, Karen, and B. D. Gill. Dinosaurs, dung beetles, and conifers: participants in a Cretaceous food web. *Palaios* 11, no.3 (1996): 280 – 285.

Duringer, P., et al. First discovery of fossil brood balls and nests in the Chadian Pliovene Australopithecine levels. *Lethaia* 33 (2000): 277 – 284.

Grimaldi, D., and M. S. Engel. *Evolution of the Insects*. Cambridge, UK: Cambridge University Press, 2005.

Kirkland J. I., and K. Bader. Insect trace fossils associated with *Protoceratops* carcasses in the Djadokhta Formation (Upper Cretaceous), Mongolia. In *New Perspectives on Horned Dinosaurs: The Royal Tyrell Museum Ceratopsian Symposium*, ed. M. J. Ryan, B. J. Chinnery-Allgeier, and D. A. Eberth, pp.509 – 519. Bloomington: Indiana University Press, 2010.

甲虫与生物防治

Bornemissza, G. F. An analysis of arthropod succession in carrion and the effect of its decomposition on the soil fauna. *Australian Journal of Zoology* 5 (1957): 1 – 12.

Michaels, K., and G. F. Bornemissza. Effects of clearfell harvesting on lucanid beetles (Coleoptera: Lucanidae) in wet and dry sclerophyll forests in Tasmania. *Journal of Insect Conservation* 3 (1999): 85 – 95.

Queensland Dung Beetle Project. Improving sustainable management systems in Queensland using beetles: final report of the 2001/2002 Queensland Dung Beetle Project

（2002）．

Sanchez, M. V., and J. F. Genise. Cleptoparasitism and detritivory in dung beetle fossil brood ball from Patagonia, Argentina. *Paleontology* 52 （2009）：837 – 848.

鲑鱼的由死到生
鲑鱼与循环

Hill, A. C., J. A. Stanford, and P. R. Leavitt. Recent sedimentary legacy of sockeye salmon （*Oncorhynchus nerka*） and climate change in an ultraoligotrophic, glacially turbid British Columbia nursery lake. *Canadian Journal of Fisheries and Aquatic Sciences* 66 （2009）：1141 – 1152.

Morris, M. R., and J. A. Stanford. Floodplain succession and soil nitrogen accumulation on a salmon river in southwestern Kamchatka. *Ecological Monographs* 81 （2011）：43 – 61.

Troll, Ray, and Amy Gulick. *Salmon in the Trees：Life in Alaska's Tongass Rain Forest*. Seattle：Braided River （Mountaineers Books）, 2010.

其他世界
白垩

Huxley, Leonard. *The Life and Letters of Thomas Henry Huxley*. New York：D. Appleton, 1901.

Huxley, T. H. On a piece of chalk. In *The Book of Naturalists*, ed. William Beebe. Princeton, N.J.：Princeton University Press, 1901.

鲸落

Little, Crispin T. S. The prolific afterlife of whales. *Scientific American* （Feb. 2010）：78 – 84.

Smith, Craig R., and Amy R. Baco. Ecology of whale falls at the deep-sea floor. In *Oceanography and Marine Biology：An Annual Review* 41 （2003）：311 – 354, ed. R. N. Gibson and R. J. A. Atkinson.

深海热泉

Cavanaugh, Colleen M., et al. Prokaryotic cells in the hydrothermal vent tube worm *Riftia pachyptila* Jones：possible chemoautotrophic symbionts. *Science* 213 （1981）：340 – 342.

变态成新的生命、新的生活
变态

Ryan, Frank. *The Mystery of Metamorphosis：A Scientific Detective Story*. White

River Junction, Vt.: Chelsea Green, 2011.

Truman, J. W., and L. M. Riddiford. The origin of insect metamorphosis. *Nature* 401 (1999): 447 – 452.

Wigglesworth, V. B. *The Physiology of Insect Metamorphosis*. Cambridge, UK: Cambridge University Press, 1954.

Williams, C. M. The juvenile hormone of insects. *Nature* 178 (1956): 212 – 213.

天蛾

Kitching, I. J., and J. M. Cadiou. *Hawkmoths of the World*. Ithaca, N.Y.: Cornell University Press, 2000.

幼虫

Williamson, D. I. *The Origin of Larvae*. Boston: Kluwer Academic, 2003.

———. Hybridization in the evolution of animal form and life-cycle. *Zoological Journal of the Linnaean Society* 148 (2006): 585 – 602.

信仰、埋葬和永生

Cambefort, Y. Le scarabée dans l'Egypte ancienne: origin et signification du symbole. *Révue de l'Histoire des Religions* 204 (1978): 3 – 46. Egyptian mummies inspired by dung beetles.

Robinson, A. How to behave beyond the grave. *Nature* 468 (2010): 632 – 633.

Schutz, E. Berichte über Geier als Aasfresser aus den 18. und 19. Jahrhundert. *Anzeiger der Ornithologischen Gesellschaft Bayern* 7 (1966): 736 – 738.

Schüz, Ernst, and Claus König. Old World vultures and man. In *Vulture Biology and Management*, ed. S. R. Sanford and A. L. Jackson. Berkeley: University of California Press, 1983, pp.461 – 469.

西藏风俗

Hedin, S. *Transhimalaya*, vol.1. Leipzig: Brockhaus, 1909.

Schafer, E. Ornithologische Forschungsergebnisse zweier Forschungsreisen nach Tibet. *Journal für Ornithologie* 86 (1938): 156 – 166.

Taring, R. D. 1872. *Ich Bin Eine Tochter Tibets: Leben im Land der vertriebenen Gotter*. Hamburg: Marion von Schröder, 1872.

新石器时代的秃鹫崇拜

Lewis-Williams, D., and D. Pearce. *Inside the Neolithic Mind: Consciousness, Cosmos and the Realm of the Gods*, pp. 116 – 117. London: Thames and Hudson, 2003. Mellaart, J. *Çatal Hüyük, a Neolithic Town in Anatolia*. London: Thames and Hudson, 1967.

Mithen, Steven. *After the Ice: A Global Human History 20,000 – 5,000 BC*. Cambridge: Harvard University Press, 2004.

Selvamony, N. Sacred ancestors, sacred homes. In *Moral Ground: Ethical Action for a Planet in Peril*, ed. K. D. Moore and M. P. Nelson. San Antonio, Tex.: Trinity University Press, 2010, pp.137 - 140.

图书在版编目（CIP）数据

生命的涅槃：动物的死亡之道/（美）贝恩德·海
因里希著；徐凤銮，钟灵毓秀译.—上海：上海科技
教育出版社，2019.7（2024.5 重印）

（哲人石丛书.当代科普名著系列）

书名原文：Life Everlasting：The Animal Way of Death

ISBN 978－7－5428－7016－2

Ⅰ.①生… Ⅱ.①贝… ②徐… ③ 钟… Ⅲ. ①动物—
普及读物 Ⅳ.①Q95－49

中国版本图书馆 CIP 数据核字（2019）第 120469 号

责任编辑　伍慧玲
装帧设计　李梦雪

生命的涅槃——动物的死亡之道
贝恩德·海因里希　著
徐凤銮　钟灵毓秀　译

出版发行　上海科技教育出版社有限公司
　　　　　　（上海市闵行区号景路 159 弄 A 座 8 楼　邮政编码 201101）

网　址	www.sste.com　www.ewen.co	
经　销	各地新华书店	
印　刷	常熟市文化印刷有限公司	
开　本	720×1000　1/16	
印　张	13.25	
版　次	2019 年 7 月第 1 版	
印　次	2024 年 5 月第 2 次印刷	
书　号	ISBN 978－7－5428－7016－2/N·1061	
图　字	09－2017－977 号	
定　价	38.00 元	

哲人石丛书

当代科普名著系列　当代科技名家传记系列
当代科学思潮系列　科学史与科学文化系列

第一辑

第 二 辑

第 三 辑

第四辑

第五辑